해상교통안전론

박영수 · 박진수 · 정재용 · 정기남 공저

도서출판 상학당

欲爲大者 當爲人役

크고자 하거든 남을 섬기라

머리말

국제해사기구(IMO)에서는 2010년 6월에 필리핀 마닐라에서 STCW(International Convention on Standard of Training, Certification and Watchkeeping for Seafarers) 외교회의를 개최하고, 1978년 선원의 훈련, 자격증명 및 당직근무에 관한 국제협약 전부 개정안을 채택되었다. 이 협약은 2012년부터 발효되어 법적으로 해기사에게 요구되는 해기능력이 더욱 세분화되면서 더 많아졌다고 할 수 있다.

해상에서의 안전확보는 선박의 고속화, 대형화, 첨단화로 인하여 STCW 협약에서 요구하고 있는 능력보다 더욱 다양한 항해지식을 습득하여, 종합적으로 현장에 적용하여야 안전항해가 가능할 정도로 항행환경이 복잡해지고 있다.

선박이 항해 중 어떤 경우에는 작은 실수로 위험상황이 발생하기도 하고, 이 위험이 가속화되면 비상상황으로까지 치닫는 경우도 있다. 이러한 경우에는 항해사는 인간이기 때문에 극도로 긴장을 하게 되며, 이로 인하여 당연히 대처해야 할 일들을 하지 못하는 경우도 발생할 수 있다. 이러한 일들이 발생하지 않도록 항해사는 사전에 안전항해를 할 수 있는 해기능력을 함양하고 숙달할 필요가 있다.

특히, 해상에서의 화물수송에 있어서 선박의 항행안전을 확보하기 위하여 선박 및 육상관제센터와의 적정한 의사소통신호가 필요하다. 또한, 비상시를 대비하여 조난시 신호도 숙지하고 있어야 하며, 조난지역을 항해하는 선박이라면 도움을 줄 수 있는 상황에서 수색 구조활동에도 참여하여야 한다. 이러한 의사소통능력 및 수색구조방법 등에 대한 능력을 함양하기 위해서 작성된 이 책은 먼저 해상에서의 선박특성 및 해상교통현황에 대하여 이해하고, 안전항해를 위한 의사소통신호 중 선박과 해상교통관제센터와의 VTS 절차에 따른 보고방법 및 선박보고체계에 따른 원칙에 대하여 이해하도록 구성하였다. 그리고 선박간의 시각신호방법에 의한 정보의 송수신 방법을 제시하여 선박에서의 안전한 항해당직을 유지할 수 있는 능력을 함양하기 위하여 구성하였다. 이 책의 후반에는 해상에서의 비상상황에 대한 대처수단인 조난신호에 대한 이해 및 대응에 대한 지식을 함양할 수 있도록 구성하였다.

이 책은 2014년 발생한 세월호 사고로 현재 우리나라 수색구조 및 해상교통관제를 담당하는 정부 조직의 변경으로 인하여 수정 · 보완되어야 할 사항들은 다음 개정판에서 보완해 가기로 하고, 다른 구성 항목에 대하여 독자 여러분의 많은 지도와 제안을 바란다.

마지막으로 이 교재의 집필과정에서 자료정리와 원고작성에 많은 도움을 준 박상원, 조다운 군에게 감사를 표하며, 출판을 맡아주신 도서출판 상학당 남승우 대표님과 여러분께도 감사를 드린다.

2015년 6월

저자 일동

차 례

제3장
해상교통관제

제4장
수색 구조

제1장

해상교통의 현황

1.1 해상수송 추세

1.2 해상교통의 개념 및 교통 시스템 비교

1.3 해상교통 수단인 선박

1.1 해상수송 추세

1.1.1 해외의 교역량과 선대 증가 추세

지난 20년간 세계 해상수송 선대의 변화를 살펴보면 2013년에 다소 주춤한 경향이 있지만, 지속적으로 선대가 증가하고 있는 경향이다*. 지난 세계 해상수송 선대 변화율을 보면 벌크선대의 최근 5년에 급속도로 증가하였음을 알 수 있고, 탱커선과 컨테이너선은 1990년대에는 2% 수준, 2000년대 초반에는 2~4%, 2000년대 후반부터는 6~8%의 증가세를 보여 이러한 선대도 역시 최근에 많은 증가세를 나타내고 있다.

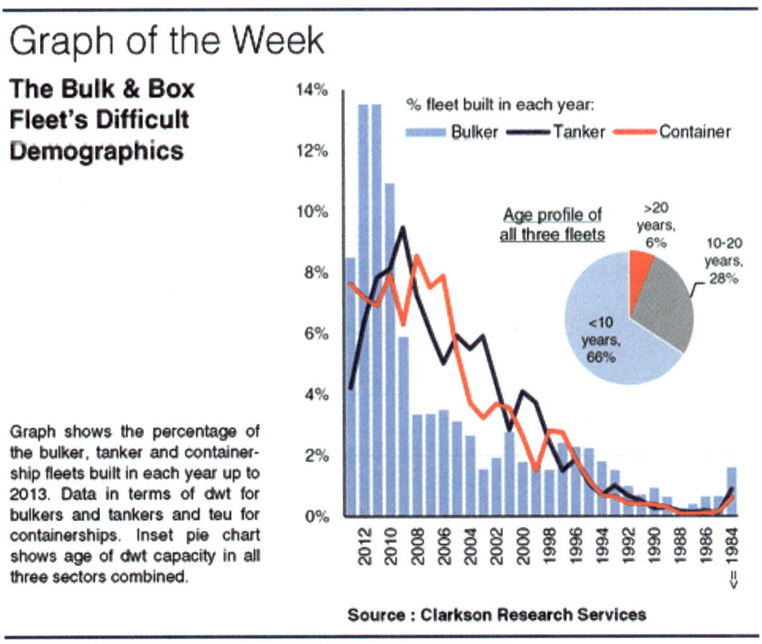

[그림 1-1] 세계 해상수송 선대 변화

한편, 세계 해상수송 선대 증가는 세계 교역량(trade)의 증가에 기초한다는 것을 잘 알 수 있다. 2008년과 2009년에 세계 경제위기가 있어 교역량이 다소 떨어졌지만 장기간으로 분석해보면 지속적으로 세계 교역량도 증가하는 것을 알고 있다.

* http : //www.clarksons.net

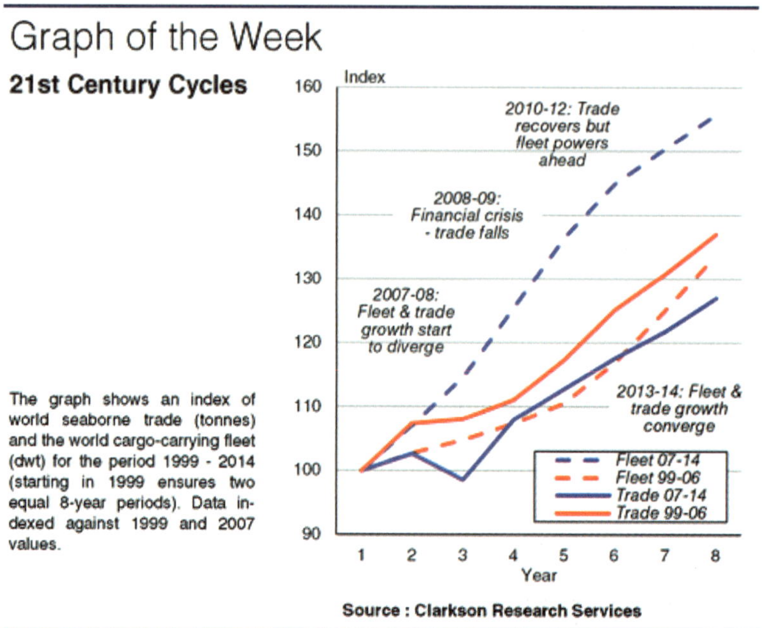

[그림 1-2] 세계 해상수송 선대와 교역량 변화

1.1.2 우리나라 국내화물수송 현황

최근 10년간 우리나라 국내화물수송 분담비율은 도로가 74.6%, 철도 6.2%, 해운이 19.2%, 항공이 0.1%를 차지하고 있는 것으로 나타났다. 국내화물수송 수단 중 가장 많은 것은 도로를 이용하는 트럭 등임을 알 수 있다.

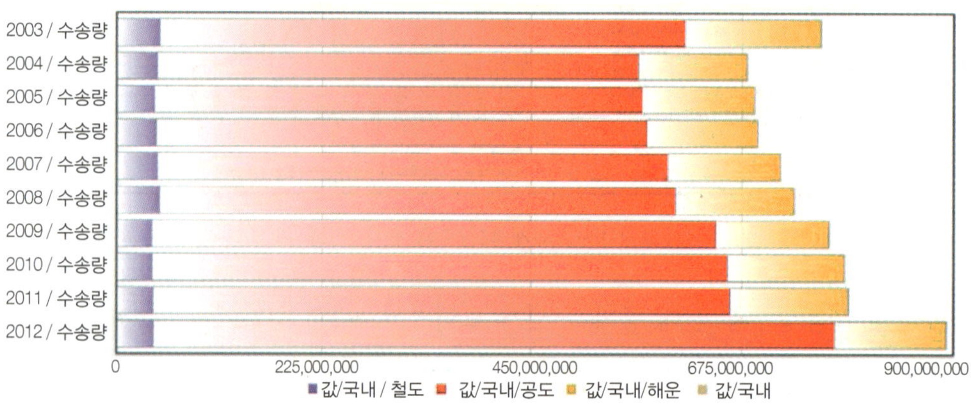

출처 : 국토교통부 교통정책실

[그림 1-3] 연도별 국내화물의 수송수단별 수송량(톤)

1.1.3 우리나라 국제화물수송 현황

최근 10년간 우리나라 국제화물수송 분담비율은 해운이 99.7%로 압도적이며 항공이 0.3%의 순으로 우리나라 국제화물수송에서는 반도국가의 특성도 있어 해운의 역할이 매우 큰 것을 알 수 있다.

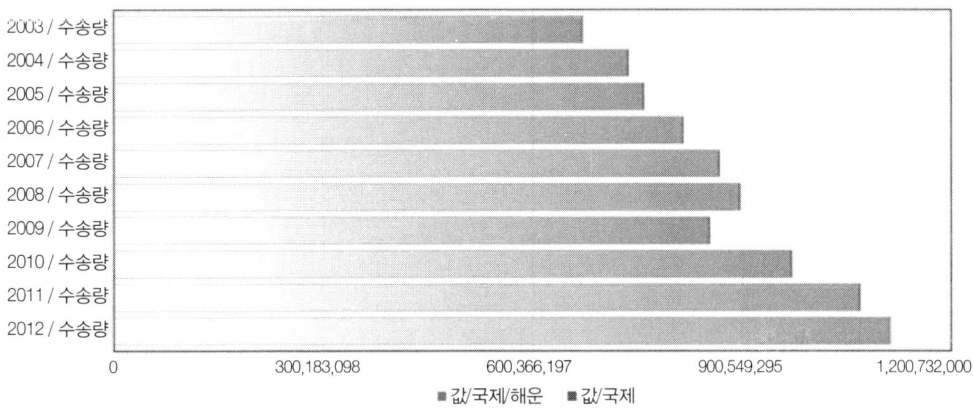

출처 : 국토교통부 교통정책실

[그림 1-4] 연도별 국제화물의 수송수단별 수송량(톤)

1.2 해상교통의 개념 및 교통 시스템 비교

1.2.1 해상교통의 개념

교통(交通)이란 보통 사람과 물건의 이동으로 공간에 있어서 거리의 극복행위* 라고 정의되기고 하고, 인간사회에 있어서 개별 주체가 각각의 가치기준에 기초하여 사람, 물건, 정보의 장소적 이동을 통하여 가치실현을 도모하는 실체과정**이라고도 정의된다. 또한 교통은 역사적으로 볼 때 재화와 용역뿐만 아니라 사상까지 교류될 수 있는 토대를 마련하기 때문에 사회성장에 커다란 공헌을 해왔다***고 말

---

* 角本良平, 新交通論-實學의 體系-, 白桃書房, 1985

** 生田保夫, 交通學의 視點, 流通經濟大學 出版會, 1998

*** J.Rae, The Road and the Car in American Life, MIT Press, 1971

하고 있다. 즉, 교통은 사람이나 화물을 한 장소에서 다른 장소로 이동시키는 모든 활동과 그 과정, 절차를 말하며, 고대나 현대를 막론하고 인류 문명의 모든 분야에 걸쳐 핵심적인 역할을 수행해 왔다.

유사(有史)이래로 인간의 의식주를 해결하기 위한 모든 경제활동이나 사회활동은 전적으로 교통이라는 수단에 의해 이루어졌으며, 한 국가의 흥망성쇠는 그들의 종족을 이동시키는 능력이나 교통시설, 즉 도로, 항구, 강(江) 등을 방호하는 능력에 좌우되었다. 사회가 복잡해짐에 따라 여러 지역에서 발생하는 인간활동을 연결시키고 물자를 이동시켜야 할 필요성이 더욱 커지므로, 이와 같은 필요성을 만족시키기 위해서는 교통의 발달이 뒤따르지 않을 수 없다.

해상교통은 위에서 언급한 교통의 정의에 교통수단으로서 선박이 관여하는 것이다. 해상교통에서는 보통 1척의 선박이 통항하는 것을 교통이라고 말하지 않는다. 해상교통이라는 용어를 사용할 경우는 다수의 선박이 통항하는 것을 가리키며, 선박과 선박의 교행관계는 2척뿐만 아니라 3척 이상의 경우에도 발생한다. 해상교통에 있어서는 이와 같이 복수의 선박이 이동하는 과정에 관련하여 발생하는 안전의 저해가 가장 큰 문제가 된다.*

해상에 있어서 교통흐름의 실태를 정확히 파악하여 선박과 선박과의 행동을 통

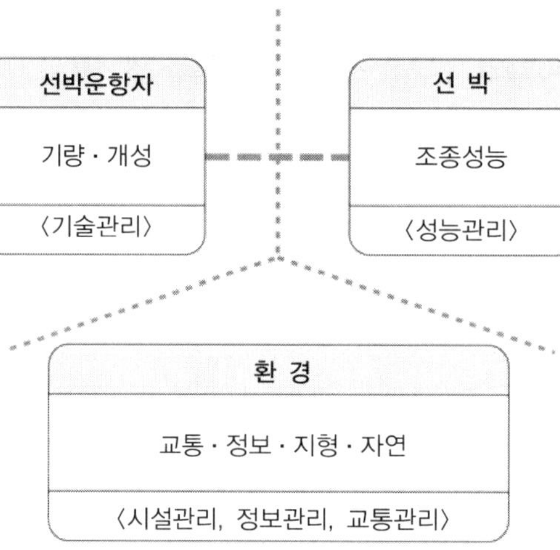

[그림 1-5] 해상교통의 주요 요소

* 朴榮守, 海上交通管理에 關한 基礎的 硏究, 神戶大學 博士學位 論文, 2002

계적으로 또는 해석적으로 표현하여 그 결과를 항로, 항만 등의 시설개선(시설관리)과 적정한 항행관리(VTS에 의한 정보관리) 및 조선기술개선(기술관리)을 목적으로 하고 있어 관리(管理)의 개념이 중요하게 대두되고 있다.

1.2.2 다른 교통수단

앞으로의 해상교통은 저속·장거리 화물의 대량 운송에, 항공은 고속·장거리에, 도로교통은 단거리 운송에 압도적인 강세를 가지게 되어 각각 그 담당 영역을 확대하고자 할 것이다. 지키는 입장의 철도교통은 지하철 중심의 단거리 통근 수송과 철도의 전철화 등으로 중거리 고속 수송에 강세를 유지할 것으로 보인다.

교통 시스템의 평가에는 운임, 속력, 안전성, 쾌적성 등의 종래의 것 이외에도 앞으로는 소음, 배기 가스 등에 의한 공해, 에너지의 절약, 필요 토지면적 등의 요소가 대두되어 각양각색의 교통 시스템의 발달에 큰 영향을 미치게 될 것이다. 이들 교통 시스템에 대하여 좀 더 상세히 알아보기로 하자.

(1) 철 도

철도는 노선과 터미널 건설에 필요한 막대한 비용과 그것을 위한 재원 염출의 어려움 때문에 접근성이 제한될 수밖에 없다. 기술적으로도 철도의 노선은 경사와 곡률에 제한을 받으므로 도로보다 융통성이 적다. 그러나 차량을 연결함으로써 용량을 크게 늘릴 수 있으며, 도로에서의 가능한 속도보다 2배를 높여도 무리가 없다. 여러 가지 측면에서 보더라도 효율성은 높은 편이나 노동 집약적인 운영 특성 때문에 직접 비용이 크다는 단점이 있다.

철도는 에너지 절약 측면에서도 선박과 나란히 성적이 좋다. 1인 1km 수송하는데 철도는 100kcal, 항공은 600kcal, 버스는 130kcal, 승용차는 500kcal가 필요하다. 자동차가 없던 시대에는 철도가 시내 교통까지 담당했던 시절이 있었지만, 지금은 적절한 중거리 대량 수송에 집중되어가고 있는 중이다.

(2) 항 공

항공교통은 접근성이 좋지 않은 반면 속도는 다른 어떤 교통 시스템보다도 빠르나, 용량은 비교적 적은 편이다. 고속의 항공교통이 갖는 매력은 다른 어떤 단점, 특히 높은 비용을 보상하고도 남는다. 수송 대상은 주로 승객이고, 열차와 같이 안전성이 무엇보다도 중요시되지만 3차원 자유도의 고공 항공은 본질적으로 안전성이 낮을 수밖에 없다. 더욱이 저속에서 제어성이 좋은 육상 교통수단과는 완전히 반대로 실속속력(失速速力) 이하에서는 추락해버리고 만다.

프로펠러 비행기 시대에는 기관출력이 모자라서 이륙 전후에 사고가 많았었고, 비록 그 시대는 짧았지만 터보 프로펠러 시대에는 엔진에 여력이 생겨 악천후순항시의 사고가 문제로 되었다. 그리고 제트기는 대류권을 넘어서 하늘 높이 날수 있기 때문에 익면 하중, 전폭 중량 및 속력도 크게 되고, 사고대책의 중점은 착륙과 공중 충돌에 놓여지게 되었다.

프로펠러 시대에 DC-3가 많이 사용되어진 시대에는 치사 사고발생률이 2만 시간에 1회, 터보 프로펠러 시대에는 8만 시간, 그리고 제트기 제1세대(comet 등)에는 20만 시간에 1회, 제2세대(DC-8)에는 40만 시간, 제3세대(B747)에는 100만 시간 정도로 수준이 향상되었다. 여기까지 오는 데는 신뢰성공학 및 전자공학이 지대한 공헌을 하였고, 대형 여객기는 교통수단 가운데에서 감각-뇌신경 계통이 제일 발달했던 것이다.

항공교통의 약점은 사고발생 시에 치사율이 높다는 점과 소음이 심하다는 2가지이다. 충돌이라도 생기는 날이면 전원 사망의 위험이 뒤따른다. 초기의 항공관제는 기수가 신호로서 비행기를 유도했는데, 계속해서 항행보호, 충돌방지의 규칙이 제정되고, 1930년에는 클리블랜드 공항에 관제탑이 생겼고, 관제의 범위가 공항 주변으로부터 항공로에까지 확대되기 시작했다. 한편 1957년에는 UN의 전문기관으로서 국제민간항공기구(ICAO)가 설립되고, 여객기의 관제절차 등이 정해져 엄격한 관제와 두터운 보호를 받게 되었다.

(3) 도로교통

도로교통은 모든 교통수단 중에서 접근성이 가장 양호하다. 도로망 내에 이용가능한 많은 노선이 있기 때문에 전체 이동속도는 양호한 편이나 사람이 운전을 하기 때문에 일정한 정도 이상의 속도를 낼 수 없다. 개개의 차량은 비교적 작으므로 화물수송 용량은 작은 편이다. 효율면에서 볼 때 다른 교통 시스템에 비해 그다지 좋은 편은 아니나, 많은 사람이 이를 이용하고 있음을 볼 때 시스템이 갖는 효율성보다 양호한 접근성에 더 큰 가치를 부여함을 엿볼 수 있다.

교통사고, 교통공해뿐만 아니라 여러 가지의 결점이 있기는 하지만 단거리 수송에 있어서 자동차처럼 적용 범위가 넓은 것은 없다. Escalator, Belt Conveyor, Elevator, Lifter 등 각종의 근거리 수송기관은 각각 제한된 영역을 맡고 있음에 지나지 않는데 비해 자동차는 중거리나 원거리에도 상당히 널리 이용되고 있고, Piggy back이나 Roll On / Roll Off 등 기타의 교통기관을 변화시켜 또한 덤프차, 탱크차 등에도 이용되고 있다. 이와 같이 장점만 열거한다면 다른 교통기관은 열등해 보이는 것 같지만 자동차에도 약점은 있기 마련이다.

우리나라의 자동차관리법에 규정된 차량의 규격제한을 보면, “도심 운행차량은 폭 2.5미터, 높이 4미터를 넘지 못한다”라는 제한이 있다. 비록 그 크기는 다른 교통수단에 비해 작지만, 대수(擡數)가 대단히 많으므로 전체 수송능력에 있어서는 다른 시스템에 뒤지지 않는 적재 능력을 가지고 있다.

1.3 해상교통 수단인 선박

1.3.1 선박의 종류와 크기

(1) 선박의 종류

선박은 일반적으로 다음과 같이 화물을 실을 수 있는 종류에 따라 구분할 수 있다.

① 탱커선(Oil Tankers) : 원유(Crude Oil)를 수송하는 선박

② 벌크(전용)선(Bulk Carriers) : 곡물, 비료, 광석, 석탄, 목재 등의 살물화물(撒物貨物)을 수송하는 선박으로 싣는 화물전용선이 대부분임

- 목재운반선(Lumber Carrier, Timber Carrier)
- 칩운반선(Chip Carrier) : 펄프의 원료인 나무를 잘게 부서진 조각인 칩 형태로 만들어서 운송하는 선박

- 광석운반선(Ore Carrier)
- 시멘트 운반선(Cement Carrier)
- 겸용선(Combination Ship) : 전용선의 공선항해 비율을 줄이기 위하여 건조된 선박. 편도항로는 원유(Crude Oil), 돌아오는 항로는 광석 운반선인 광석 · 유 겸용선(Ore / Oil Carrier)이 있음. 또한 철광석, 석탄, 곡물 등의 살물과 원유를 실을 수 있는 OBO선(Ore / Bulk / Oil Carrier)이 있고, 자동차, 곡물을 싣는 자동차 / 살물 겸용선(Car / Bulker)도 있음

③ 일반화물선(General Cargo Ships) : 여러 종류의 화물(Break Bulk)을 운반하기 위한 선박으로 잡화선이라고 부르기도 함

④ 컨테이너선(Container Ships) : 표준크기 컨테이너를 수송하기 위한 선박

⑤ 자동차 운반선(Pure Car Carrier) : 자동차만을 운송하기 위하여 건조한 선박

⑥ 액화가스 운반선(Liquified Gas Carriers) : 액화석유가스 또는 액화천연가스를 운반하기 위하여 건조한 선박

⑦ 화학제품선(Chemical Tankers) : 암모니아, 에틸렌, 폴리에틸렌 등 화학제품을 운송하기 위한 선박

⑧ RORO(Roll-on Roll-off)선 : 화물을 실은 차량을 그대로 싣고 내리는 형태로 건조된 선박

⑨ 여객선(Ferries and Passenger Ships) : 여객을 수송하는 선박으로 초호화 유람선을 Cruise Ship이라고 함

⑩ 어선(Fishing Vessel) : 고기를 잡거나 운반하는 선박

⑪ 군함(Warship) : 전투목적을 위하여 건조된 선박

⑫ 기타 특수목적용 선박(Other Miscellaneous Ships) : 기타 특수목적용으로 건조된 선박, 석유시추선 등

(2) 선박의 크기

선박의 크기는 주로 톤수(총톤수(G / T) 또는 재화중량톤수(DWT))를 기준으로 구분하고, 때로는 선박길이(LBP : Length Between Perpendiculars)에 따라 구분하기도 한다. 물론 총톤수와 선박길이와는 상관관계가 있어 (식 1)과 같이 선박의 길이에 거의 세제곱에 비례하고 있다*고 하지만 같은 톤수급이라고 하더라도 선

박길이가 상이한 경우가 최근 많이 존재한다.

$$G = L^3 \div 250 \quad \text{(식 1)}$$

선박의 총톤수에 따른 선박의 길이 등도 (식 2)와 같이 어느 정도 상관관계가 있다고 한다(단, 25%의 값 6.1B, 75%의 값 7.2B).

평균 50%의 $L \fallingdotseq 6.6B$ (L : 선상(m), B : 형폭(m)) (식 2)

〈표 1-1〉 주요 선박의 상세 내용

Ship type	Condition	Lpp	B	df	da	Cb
300,000DWT Tanker VLCC(full)	Fully loaded	324	60.0	20.5	20.5	0.86
10,000DWT Bulker Bulker(full)	Fully loaded	107	19.4	8.0	8.0	0.75
135,000m^3 LNG Carrier LNG(full)	Fully loaded	276	46.0	10.8	10.8	0.72
6,000TEU Container Ship CNTN(full)	Fully loaded	303	42.8	13.6	13.6	0.63
50,000GT Large Cruise Ship	Fully loaded	205	29.6	7.3	7.3	0.62
4,500unit PCC PCC(full)	Fully loaded	170	32.3	8.8	8.8	0.58

〈표 1-2〉 선박의 크기에 따른 제원

총톤수 (톤)	수선간장 (미터)	전 장 (미터)	형 폭 (미터)	형 심 (미터)	흘 수 (미터)	속 력 (노트)	특성시간 (초)
200,000	355.2	372.7	65.2	28.9	22.9	15.2	45.4
100,000	296.2	311.0	49.5	25.0	18.0	16.0	36.0
50,000	233.0	245.5	34.8	21.2	14.5	15.3	29.6
20,000	177.8	188.4	26.2	14.8	11.0	15.1	22.9
10,000	140.3	148.7	21.8	12.0	8.6	15.3	17.8
3,000	94.7	101.0	15.9	8.1	6.6	13.2	14.0
1,000	64.0	69.8	11.2	5.7	5.2	11.6	10.8
500	51.3	56.3	9.2	4.6	4.3	11.1	9.0
200	35.0	38.4	7.2	3.5	3.3	9.9	6.9
100	26.1	28.6	5.5	2.4	2.1	8.6	5.9
50	19.7	22.0	4.8	1.8	1.6	7.7	5.0
20	14.4	15.8	3.7	1.5	1.3	6.9	4.1

* 최신 해상교통공학, p.13

벌크 선박과 탱커 선박의 선박 톤수 크기별로 나누어서 해운업계에서 사용되고 있는 용어를 살펴보면 〈표 1-3〉과 같이 구분할 수 있다.

〈표 1-3〉 선박 톤수 크기별 선박분류 명칭

구 분	명 칭	DWT
드라이벌크와 광석선 (Dry Bulk And Ore Carrier)	Handysize Bulk Carrier	10,000~40,000
	Handymax Bulk Carrier	40,000~60,000
	Panamamax Bulk Carrier	60,000~100,000
	Capesize Bulk Carrier	100,000~
원유운반선 (Crude Oil Tankers)	Panamamax Crude Tanker	60,000~80,000
	Aframax Crude Tanker	80,000~120,000
	Suezmax Crude Tanker	120,000~200,000
	VLCC	200,000~
컨테이너선 (Container Ship)	Panamamax Container Ship	32.3m 이상
	Post-Panamamax Container Ship	32.3m 미만

출처 : UNCTAD(2013) Review of Maritime Transport.

1) Handysize(10,000~30,000DWT)

세계 모든 항만을 기항할 수 있도록 건조된 작은 벌크 및 탱커 선박으로 전 세계 항구를 대상으로 선박을 운용하기 위해 비교적 낮은 수심에서도 항행이 가능하여야 하고, 항만설비가 부실한 곳에서도 하역을 가능하도록 하기 위해 벌크선의 경우 본선에 하역장치(크레인)를 장착하는 것이 일반적이다.

2) Handymax(30,000~50,000DWT)

핸디막스(Handymax)는 파나막스와 핸디사이즈의 중간 크기의 선박으로 전 세계의 어느 항구라도 입항이 가능하도록 한다는 기본적인 개념을 바탕으로 건조된 선박이다. 이 크기의 선박은 전 세계 항구를 대상으로 선박을 운용하기 위해 비교적 낮은 수심에서도 항행이 가능하여야 하고, 항만설비가 부실한 곳에서도 하역이 가능하도록 하기 위하여 벌크선의 경우 본선에 크레인과 같은 하역장치를 장착하는 것이 일반적이다.

3) Panamax(50,000 ~ 80,000DWT)

파나마 운하를 통과할 수 있는 최대 크기의 화물선을 말하며, 파나마 운하* 통과는 태평양 및 대서양과 연결되는 갑문(Lock) 통과 시 주로 선폭의 제한을 받으므로 선폭 106피트(32.3미터)**의 선박을 파나마스(Panamax)라고 한다.

4) Capesize(80,000 ~ 200,000DWT)

주로 극동지역과 유럽지역을 연결하는 항로를 통항할 때에 수에즈 운하를 통과하기에 너무 커서 남아프리카 공화국의 남서쪽 끝에 있는 곳으로 케이프타운 남쪽에 위치하는 희망봉을 돌아서 운항해야만 하는 선박을 그 지명을 따서 케이프 사이즈(Capesize)라고 한다.

5) Very Large Ore Carriers(VL Ore Carriers ; 200,000 ~ 300,000DWT)

벌크 선박 중 크기가 가장 큰 선박으로 파나마 또는 수에즈 운하를 통과할 수 없다.

6) AFRA***max(45,000 ~ 100,000DWT)

아프라막스는 1954년 4월부터 런던 탱커 브로커 위원회가 작성하고 있는 탱커의 운임지수를 말한다. AFRA는 선박의 크기별로 6가지로 구분되어 있지만, 그 선형 구분 가운데 재화중량톤 45,000 ~ 79,999톤이 가장 수요가 많은 원유운반선이고, 또한 경제성이 뛰어났기 때문에 79,999톤의 탱커를 관용적으로 아프라막스 탱커라고 말한다. 그러나 현재는 95,000톤급 탱커까지도 폭넓게 아프라막스라고 일컫고 있으며 80,000 ~ 120,000DWT 크기를 말하기도 한다.

7) Suezmax(100,000 ~ 150,000DWT)

기본적으로 수에즈 운하를 통과할 수 있는 최대 크기의 유조선을 말하며, 주로 지중해와 서아프리카, 중동지역을 항해하며, 유럽에서는 14만5천톤에서 15만톤을

---

* 파나마 운하(Panama Canal)는 파나마 지협(地峽)을 개척하여 대서양과 태평양을 연결한 운하로서 1914년에 미국에 의하여 준공되었으며, 인공으로 조성된 Gatun 호수를 이용하는 갑문식으로 길이 93km, 폭 90 ~ 300m이며, 평균적인 통과소요시간은 7 ~ 8시간 정도이다.

** These vessels are typically of 50,000 to 80,000DWT, 965ft(290m) in length ; 106ft(32.3m) beam ; and 39.5ft(12.04m) draft.

*** AFRA : Average Freight Rate Assessment

말하기도 하며, 대부분 원유 전용 돌핀형 부두에 직접 접이안 작업이 가능한 유조선을 말한다. 1967년 이전에는 8만톤급 선박만이 통항할 수 있었다.

8) Very Large Crude Carrier(VLCC, 200,000~300,000DWT)

중동전 발발로 수에즈 운하 폐쇄 시 대양을 통해 한 번에 대량의 원유를 운반할 필요성이 있어 건조된 18만톤 이상에서 30만톤까지의 유조선을 명칭하는 선박이다.

9) Ultra Large Crude Carrier(ULCC, 300,000~550,000DWT)

세계에서 가장 큰 선박으로 아라비안 걸프만에서 희망봉을 통하여 유럽, 아프리카, 극동까지 긴 항로를 원유를 실고 운반하는 선박으로 전용 터미널이 필요하다.

(3) 선박에 대한 검사기관

선급은 선박의 건조나 운항 중 선박이 제대로 건조되었는지 선박이 운항을 할 수 있는 조건인지를 검사하는 조직이다. 이 선급협회는 건조 및 유지관리기준을 마련하고 있고, 선박증서를 기국(Flag states)을 대신하여 발행할 수 있다. 이러한 정부를 대행하여 선박증서를 발행해주는 주요한 선급은 〈표 1-4〉와 같다.

〈표 1-4〉 세계의 선박검사기관

선급협회명	영어명칭	관련 사이트
한국 선급협회(KRS)	Korean Register of Shipping	www.krs.co.kr
미국 선급협회(ABS)	American Bureau of Shipping	www.eagle.org
프랑스 선급협회(BV)	Bureau Veritas	www.bureauveritas.com
중국 선급협회(CCS)	China Classification Society	www.ccs.org.cn
노르웨이 선급협회(DNV)	Det Norske Veritas	www.dnv.com
독입 선급협회(GL)	Germanischer Lloyd	www.glc.de
그리스 선급협회(HRS)	Hellenic Register of Shipping	www.hrs.gr
인도 선급협회(IRS)	Indian Register of Shipping	www.irclass.org
영국 선급협회(LR)	Lloyd's Register of Shipping	www.lr.org
일본 선급협회(Class NK)	Nippon Kaiji Kyokai	www.classnk.or.jp
폴란드 선급협회(PRS)	Polski Rejestr Statkow	www.prs.gda.pl
이탈리아 선급협회(RINA)	Registro Italiano Navale	www.rina.it

1.3.2 선박의 크기와 등록척수 현황

선박은 추진방법, 재질, 용도 등에 따라 여러 가지로 분류된다.

〈표 1-5〉 국가별 등록척수 및 등록톤수 현황(2013년)

Flag of registration	Number of vessels	Share of world total, vessels	Deadweight tonnage (thousands dwt)	Share of world total (percentage dwt)	Cumulated share (percentage dwt)	National ownership (percentage) [a]	Dwt Growth 2013/2012 (percentage)
Panama	8 580	9.87	350 506	21.52	21.52	0.14	5.03
Liberia	3 144	3.62	198 032	12.16	33.68	0.01	5.83
Marshall Islands	2 064	2.37	140 016	8.60	42.27	0.11	11.08
Hong Kong (China)	2 221	2.55	129 806	7.97	50.24	12.15	16.87
Singapore	3 339	3.84	89 697	5.51	55.75	36.60	16.62
Greece	1 551	1.78	75 424	4.63	60.38	92.60	5.13
Bahamas	1 446	1.66	73 702	4.52	64.91	1.18	1.44
Malta	1 794	2.06	68 831	4.23	69.13	0.35	8.18
China	3 727	4.29	68 642	4.21	73.35	98.18	9.83
Cyprus	1 030	1.18	31 706	1.95	75.29	19.51	7.61
Isle of Man	422	0.49	22 629	1.39	76.68	0.00	9.32
United Kingdom	1 343	1.54	21 095	1.30	77.98	49.88	6.99
Italy	1 506	1.73	20 612	1.27	79.24	93.46	2.44
Japan	5 379	6.19	20 409	1.25	80.50	99.32	11.04
Norway (NIS)	536	0.62	18 093	1.11	81.61	82.33	5.37
Republic of Korea	1 894	2.18	17 720	1.09	82.69	96.47	-10.74
Germany	781	0.90	17 128	1.05	83.75	97.59	2.30
India	1 385	1.59	15 876	0.97	84.72	96.16	-3.45
Indonesia	6 293	7.24	14 267	0.88	85.60	90.28	0.17
Antigua and Barbuda	1 302	1.50	14 142	0.87	86.47	0.00	4.27
Denmark (DIS)	482	0.55	13 739	0.84	87.31	92.53	1.24
Bermuda	168	0.19	12 378	0.76	88.07	1.69	0.45
United States	3 452	3.97	12 321	0.76	88.83	73.93	-1.18
Malaysia	1 539	1.77	10 508	0.65	89.47	92.82	-3.15
Turkey	1 365	1.57	10 215	0.63	90.10	96.94	3.30
United Republic of Tanzania	198	0.23	8 815	0.54	90.64	0.30	10.45
Netherlands	1 250	1.44	8 712	0.53	91.17	70.90	6.73
France	543	0.62	7 431	0.46	91.63	52.40	-0.22
Viet Nam	1 772	2.04	7 284	0.45	92.08	97.55	1.52
Belgium	216	0.25	6 913	0.42	92.50	58.35	0.46
Russian Federation	2 324	2.67	6 784	0.42	92.92	84.57	-2.14
Philippines	1 383	1.59	6 417	0.39	93.31	26.36	-2.41
St. Vincent and the Grenadines	1 046	1.20	4 919	0.30	93.61	0.08	-18.09
Thailand	755	0.87	4 811	0.30	93.91	97.95	-6.63
Cayman Islands	174	0.20	4 310	0.26	94.17	0.00	2.12
Top 35 total	66 404	76.38	1 533 889	94.17	94.17	24.30	6.71
World total	86 942	100.00	1 628 783	100.00	100.00	23.00	5.98

Source: Compiled by the UNCTAD secretariat, on the basis of data supplied by Clarkson Research Services.

Note: Propelled seagoing merchant vessels of 100 GT and above; ranked by deadweight tonnage.

[a] The estimate of national ownership is based on available information of commercial seagoing vessels of 1,000 GT and above.

해상교통의 측면에서 본다면 조업 중인 어선이나 예인 중인 선단 및 수중익선 등 속력이나 운항 형태가 현저하게 다른 것을 구별할 필요가 있다. 한편 교통을 관리하는 경우에는 위험물 적재 선박이나 여객선, 훼리 등을 별도로 취급하는 경우도 많다. 우리나라의 선박통계에서는 선박을 여객선, 화물선, 유조선, 예선 및 기타선으로 분류하고 있다.

해상교통에 있어서 일반적으로 선박의 크기가 문제로 대두되는데, 선박이 어느 항구에 입항을 할 수 있는지의 여부는 주로 흘수에 의해 정해진다. 흘수 이외의 제한 요소로서는 관련 법규가 있다. 선박의 크기에 따른 척수분포를 조사해 보면 100톤 미만이 3782척으로 전체의 대부분(55.7%)을 차지하고 있고, 100~1000톤이 2365척(34.8%)으로 되어 있으며, 1000~10,000톤 사이의 선박은 520척(7.7%), 10,000~50,000톤은 89척(1.3%), 50,000톤 이상의 선박은 36척(0.5%)을 차지하고 있다.

그러나 해사법규나 해운통계마다 선박의 크기를 서로 다르게 구분하고 있어 많은 혼란이 야기되고 있다. 예를 들어 선박직원법에서는 선박을 5톤, 30톤, 50톤, 100톤, 200톤, 500톤, 1,600톤, 6,000톤, 10,000톤 및 20,000톤으로 구분하고 있는데 반하여, 선박안전법에서는 5톤, 10톤, 20톤, 50톤, 300톤, 500톤, 1,600톤 및 4,000톤으로 구분하고 있다.

한편 대표적인 통계자료로 활용되고 있는 해양수산통계연보에서는 5톤, 20톤, 30톤, 50톤, 100톤, 200톤, 300톤, 500톤, 1,000톤, 2,000톤, 5,000톤, 10,000톤, 20,000톤 및 50,000톤으로 구분해 놓고 있다. 이상과 같이 선박의 크기를 서로 다르게 구분하고 있는데, 공통적인 구분점을 발췌하면 5톤, 20톤, 50톤, 500톤, 10,000톤, 20,000톤으로 구분된다.

전 세계 35개국의 100GT 이상 선박의 국가별 등록척수 및 등록톤수 현황을 〈표 1-5〉와 같으며, 우리나라는 약 2,000척(2013년 기준)이 다소 모자라는 선박이 등록되어 있으며, FOC 제도로 많은 선박들이 파나마 등 다른 국가에 등록되어 있는 것으로 사료된다.

〈표 1-6〉에서 우리나라 연도별 관리선박척수 현황 및 선복량 현황*을 살펴보면 (2013년말 기준) 국적 상선 3,207척(외항 1,077척, 내항 2,130척), 어선 2,407척으로 총 5,614척의 국적선과 1,061척의 해외취업선을 관리하고 있다. 10년간 해외취업 관련 선박은 다소 감소하는 반면 국적선박은 다소 증가한 것으로 보인다.

---

* http : //www.koswec.or.kr/koswec/ information/sailorshipstatistics/detailSailorShipStaticsPage.do

〈표 1-6〉 최근 10년간 우리나라 관리선박척수 현황(단위 : 천G/T)

구 분 Classification / 연 도 Year		합 계 Grand Total	국적선 Korean Flag Vessels								해외취업선 Foreign-flag Vessels Employing Korean Crew		
			계 Total	상 선 Merchant Vessels			어 선 Fishing Vessels			계 Total	상선 Merchant	어선 Fishing
				소계 Sub-total	외항 Ocean-going	내항 Coastal	소계 Sub-total	원양 Ocean-going	연근해 Coastal Near-ocean			
2004	척 수 Number	6,063	4,806	2,421	536	1,885	2,385	360	2,025	1,257	1,068	189
	선복량 Tons	41,201	15,311	14,987	13,772	1,215	324	193	131	25,890	25,766	124
2005	척 수	6,276	5,057	2,637	612	2,025	2,420	346	2,074	1,219	1,056	163
	선복량	42,514	17,235	16,923	15,664	1,259	312	185	127	25,279	25,163	116
2006	척 수	6,292	5,040	2,600	642	1,958	2,440	345	2,095	1,252	1,113	139
	선복량	45,131	18,201	17,892	16,621	1,271	309	179	130	26,930	26,827	103
2007	척 수	6,383	5,135	2,711	742	1,969	2,424	338	2,086	1,248	1,112	136
	선복량	49,888	20,444	20,142	18,825	1,317	302	177	125	29,444	29,338	106
2008	척 수	6,467	5,211	2,822	845	1,977	2,389	326	2,063	1,256	1,131	125
	선복량	55,172	25,298	24,997	23,563	1,434	301	174	127	29,874	29,773	101
2009	척 수	6,467	5,250	2,862	876	1,986	2,388	328	2,060	1,217	1,130	87
	선복량	57,983	26,441	26,140	24,735	1,405	301	176	125	31,542	31,459	83
2010	척 수	6,588	5,429	3,061	952	2,109	2,368	312	2,056	1,159	1,069	90
	선복량	64,149	30,069	29,768	28,259	1,509	301	178	123	34,080	33,994	86
2011	척 수	6,675	5,605	3,221	995	2,226	2,384	315	2,069	1,070	983	87
	선복량	67,619	33,690	33,372	31,728	1,644	318	196	123	33,929	33,828	101
2012	척 수	6,743	5,649	3,228	1,036	2,192	2,421	316	2,105	1,094	1,001	93
	선복량	73,309	36,570	36,247	34,569	1,678	323	199	124	36,739	36,632	107
2013	척 수	6,675	5,614	3,207	1,077	2,130	2,407	308	2,099	1,061	960	101
	선복량	76,176	40,385	40,061	38,466	1,595	324	200	124	35,791	35,679	112

우리나라의 관리선박 선종은 잡화선이 1,018척으로 제일 많고 예인선 653척, 케미컬 434척, 유조선 419척, 기타 417척, 컨테이너선 252척의 순으로 선박을 관리하고 있는 것으로 보인다(표 1-7).

〈표 1-7〉 최근 10년간 우리나라의 관리선박선종 현황

구 분 Classification / 선 종 Kind of Vessel	계 Total		외항선 Ocean-going Vessels		내항선 Coastal Vessels		해외취업상선 Foreign-flag Vessels Employing Korean Crew	
	척 수 Number of Vessels	선복량 Tons	척수	선복량	척수	선복량	척수	선복량
계	4,167	75,739,966	1,077	38,465,963	2,130	1,595,094	960	35,678,909
잡 화 General Cargo Vessel	1,018	36,200,457	537	22,991,614	182	497,333	299	12,711,510
컨테이너 Container Vessel	252	10,015,340	164	5,760,377			88	4,254,963
유 조 Oil Tanker	419	15,482,747	45	3,605,666	185	132,825	189	11,744,256
LPG LPG Carrier	97	1,043,609	48	624,362	20	43,644	29	375,603
LNG LNG Carrier	22	2,201,014	21	2,100,761			1	100,253
케미컬 Chemical Tanker	434	3,705,453	163	1,067,160	38	80,970	233	2,557,323
급유 Bunker supply Vessel	40	4,551			40	4,551		
자동차 Car Carrier	111	5,611,046	36	1,999,646			75	3,611,400
냉동 Reefer	59	211,767	23	71,834			36	139,933
여객 Passenger Ship	224	462,273	14	152,159	201	126,941	9	183,173
예인 Towing Vessel	653	171,329	14	7,534	638	163,300	1	495
기타 Others	417	572,964	12	84,850	405	488,114		
유 · 도선 Leisure Boat / Ferry	155	14,495			155	14,495		
예선(이접안용) Tug Boat (berthing / unberthing)	214	42,097			214	42,097		
도선선 Pilot Boat	52	824			52	824		

우리나라 관리선박의 크기 현황을 살펴보면 200톤 미만의 선박이 전체의 28.4%인 1,182척으로 가장 많고, 그 다음으로 20,000톤 이상 선박이 1,036척으로 24.9%를 차지하고 있다(표 1-8).

〈표 1-8〉 최근 10년간 우리나라의 관리선박크기 현황

톤 수 Tons / 선 종 Kind of Vessel	계 Total	200T 미만 Less than 200T	200T~ 500T	500T~ 1,600T	1,600T~ 3,000T	3,000T~ 6,000T	6,000T~ 20,000T	20,000T 이상 20,000T or More
계	4,167	1,182	429	383	253	436	448	1,036
잡화 General Cargo Vessel	1,018	40	12	100	80	107	148	531
컨테이너 Container Vessel	252				5	27	83	137
유조 Oil Tanker	419	82	44	52	14	34	23	170
LPG LPG Carrier	97			11	21	40	6	19
LNG LNG Carrier	22							22
케미컬 Chemical Tanker	434		8	43	62	121	157	43
급유 Bunker supply Vessel	40	36	4					
자동차 Car Carrier	111			1	1	1	2	106
냉동 Reefer	59	1	4	3	10	39	2	
여객 Passenger Ship	224	105	71	13	3	9	16	7
예인 Towing Vessel	653	528	94	13	3	13	2	
기타 Others	417	79	85	144	54	45	9	1
유·도선 Leisure Boat / Ferry	155	139	13	3				
예선(이접안용) Tug Boat (berthing / unberthing)	214	120	94					
도선선 Pilot Boat	52	52						

1.3.3 선박의 속력과 특성시간

선박의 속력에는 최대 속력, 항해속력, 항내속력, 반속(半速) 등이 있지만 주로 화물의 적재상태와 기관출력에 의해 정해지고, 풍파나 선체의 오손 정도, 천수(淺水) 등이 영향을 미친다(표 1-9).

〈표 1-9〉 주요 선박의 Engine Telegraph Speed

Ship type	Condition	Lpp	B	df	da	Cb
300,000DWT Tanker VLCC(full)	Fully loaded	15.2	10.5	7.1	4.2	2.7
10,000DWT Bulker Bulker(full)	Fully loaded	13.6	9.6	7.4	5.1	3.6
135,000m^3 LNG Carrier LNG(full)	Fully loaded	18.9	12.0	9.0	6.3	4.3
6,000TEU Container Ship CNTN(full)	Fully loaded	24.7	18.1	14.0	9.7	6.8
50,000GT Large Cruise Ship	Fully loaded	22.2	11.0	9.2	6.4	2.8
4,500unit PCC(full)	Fully loaded	19.9	12.2	10.1	8.0	5.9

최근 우리나라 21개 항만 및 접근수역에서 조사된 선박 속력을 살펴보면 [그림 1-6~1-9]와 〈표 1-10〉과 같이* 전체 평균속도 약 10kts로 항행하고 있는 것으로 분석되었다.

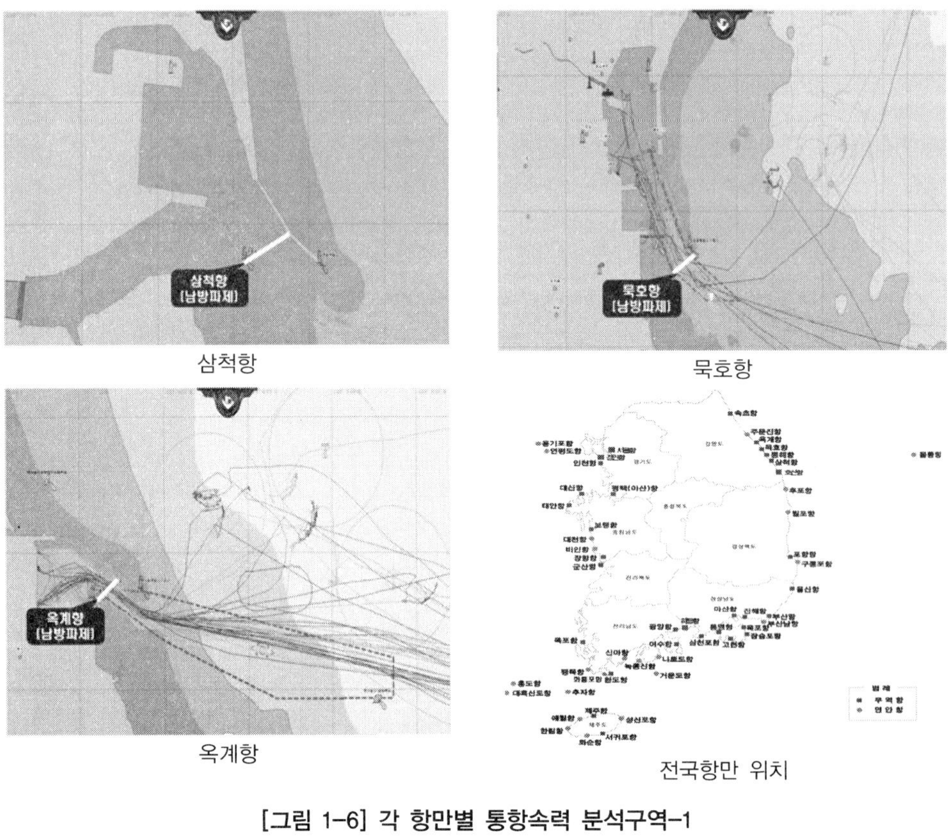

삼척항 묵호항 옥계항 전국항만 위치

[그림 1-6] 각 항만별 통항속력 분석구역-1

* 김득봉(2014), 한국해양대학교 박사학위논문

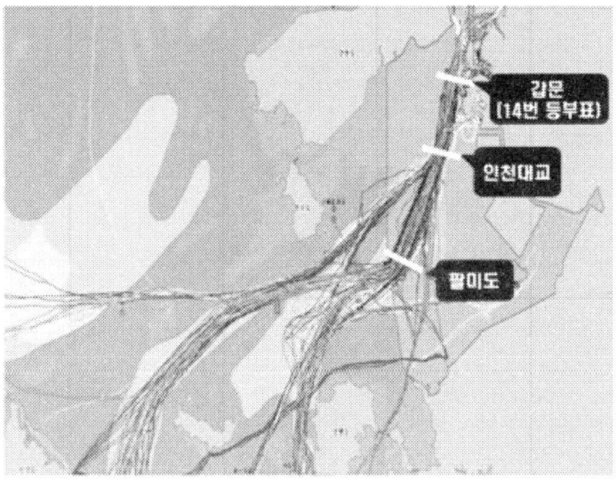

인천항

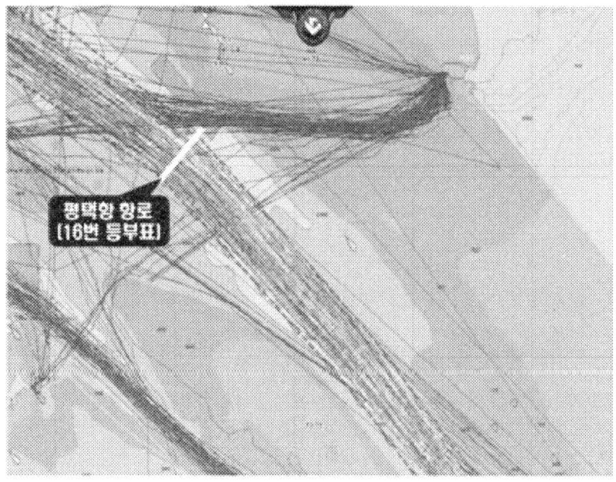

평택항

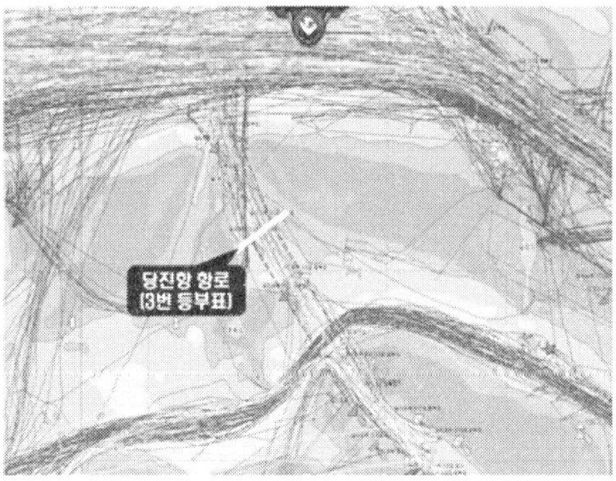

당진항

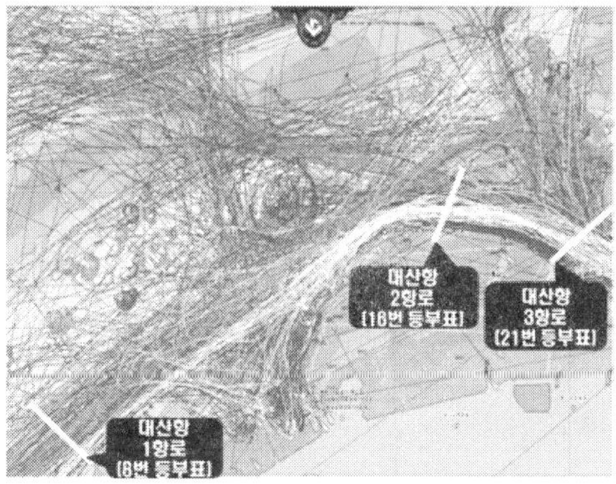

대산항

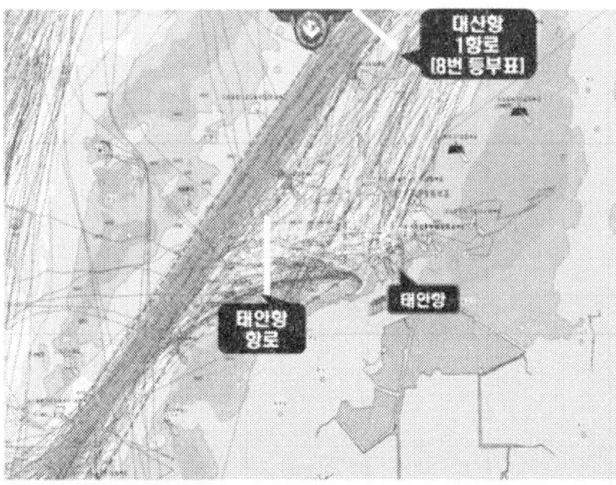

태안항

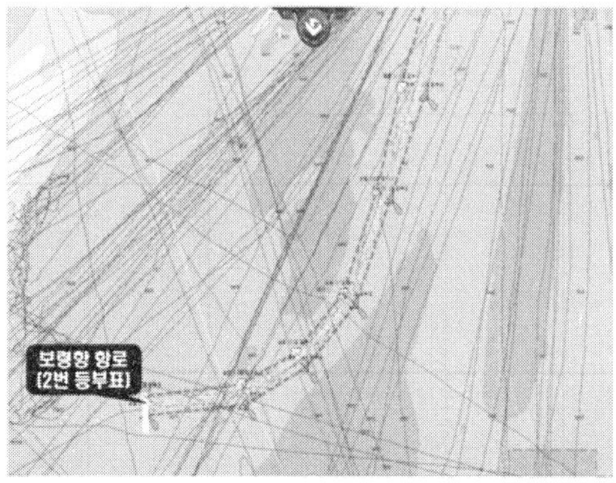

보령항

[그림 1-7] 각 항만별 통항속력 분석구역-2

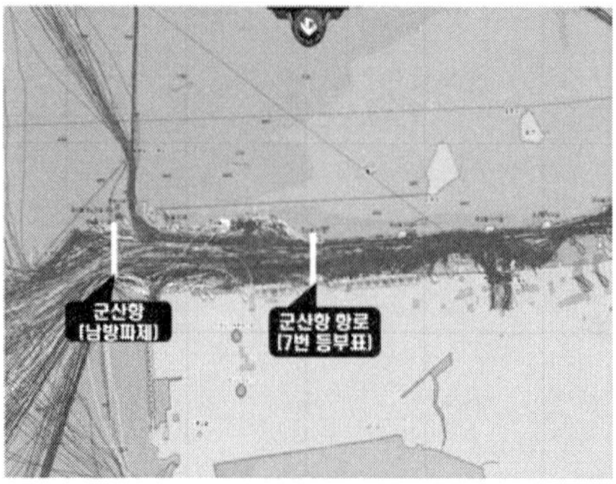

군산항

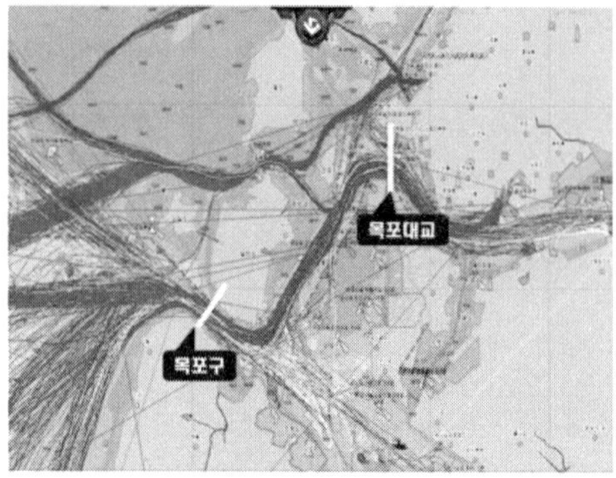

목포항

광양항

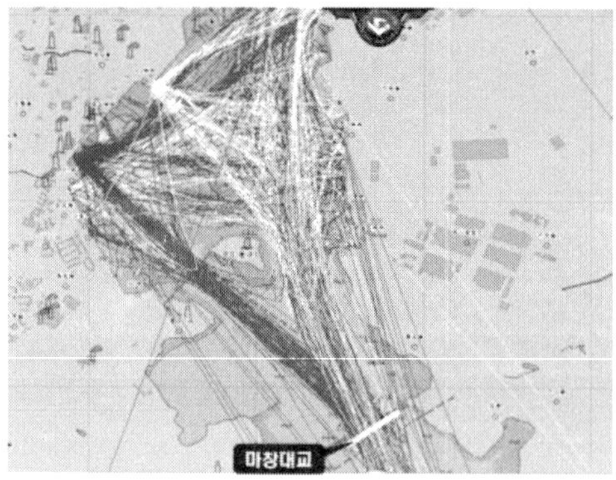

마산항

진해항

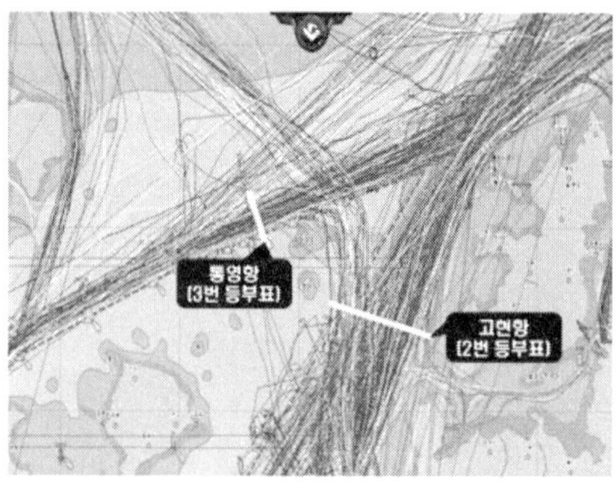

통영항 · 고현항

[그림 1-8] 각 항만별 통항속력 분석구역-3

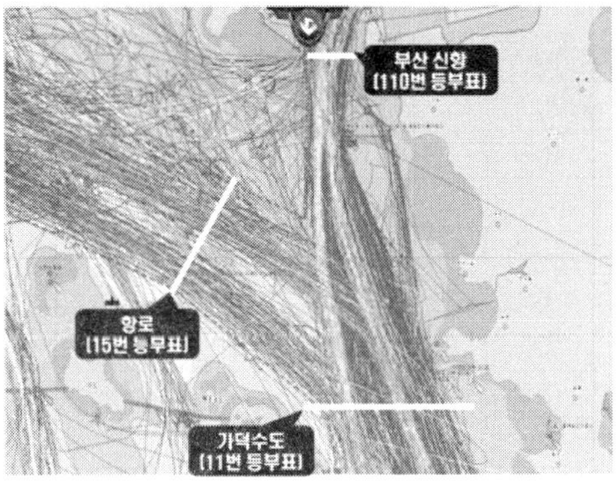

가덕수도와 부산신항

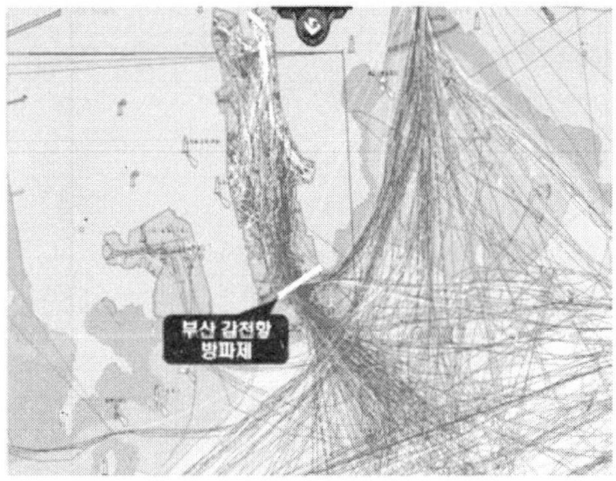

부산 감천항

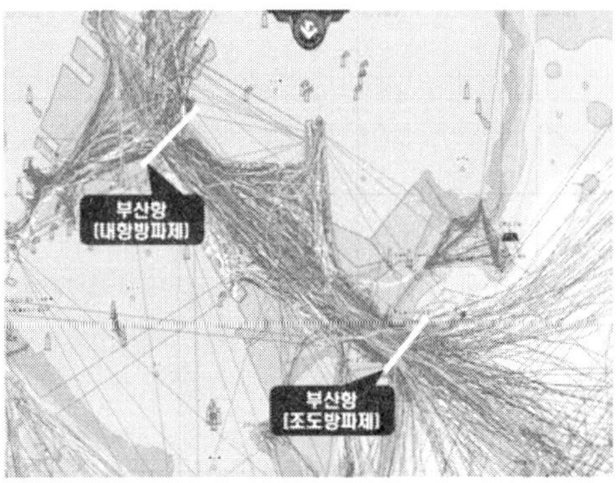

부산항

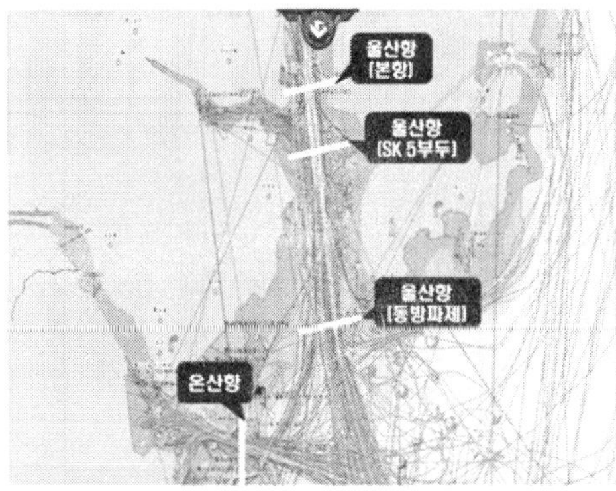

울산항

포항항

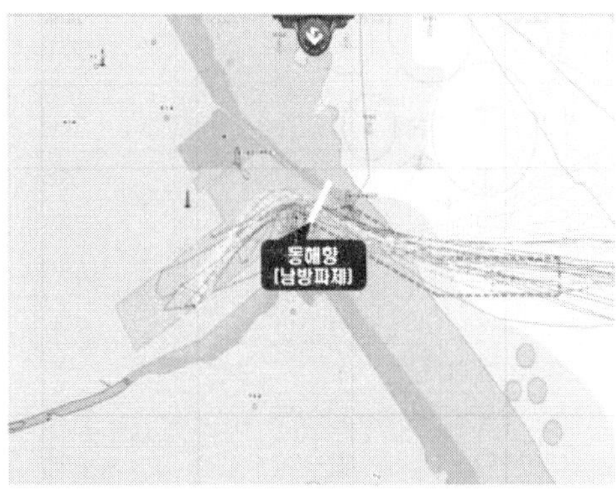

동해항

[그림 1-9] 각 항만별 통항속력 분석구역-4

〈표 1-10〉 각 항만별 통항속력 분석결과

Gateline	항로폭(m)	표본척수	평균(kn)	최고(kn)	최저(kn)
인천항(팔미도)	1,020	999	11.9	21.0	1.0
인천항(인천대교)	625	1166	12.0	28.0	3.0
인천항(갑문, No.14 Buoy)	480	632	8.3	20.9	1.0
평택항(No.16 Buoy)	740	603	12.4	22.0	1.2
당진항 (No.3 Buoy)	610	85	8.0	13.8	3.5
대산항(1항로, No.8 Buoy)	1,055	158	11.0	21.7	4.2
대산항(2항로, No.16 Buoy)	290	135	10.0	24.4	1.0
대산항(3항로, No.21 Buoy)	500	233	7.7	19.3	1.3
대산항(장안서)	1,640	434	12.2	22.0	4.7
태안항	805	37	7.0	20.2	3.5
보령항(No.2 Buoy)	525	94	11.9	15.0	4.9
군산항(남방파제)	925	547	10.2	35.0	1.1
군산항(No.7 Buoy)	495	629	10.0	37.1	1.9
목포항(목포구)	450	841	12.7	35.5	2.2
목포항(목포대교)	400	1049	10.5	28.6	3.1
광양항(1항로 입구)	760	925	10.3	16.6	1.2
광양항(2항로 입구)	435	346	10.2	15.3	2.5
광양항(3항로 입구)	380	529	9.2	16.7	1.5
광양항(4항로 입구)	400	741	9.3	16.6	1.0
마산항(No.15 Buoy)	1,665	695	9.7	28.0	2.1
마산항(마창대교)	330	721	10.3	28.7	3.2
진해항(No.2 Buoy)	940	318	8.3	18.7	3.3
고현항(No.2 Buoy)	1,150	560	8.7	22.5	2.3
통영항(No.3 Buoy)	600	190	8.0	19.3	1.7
부산항(조도방파제)	340	1672	12.2	44.7	7.2
부산항(내항방파제)	345	2295	10.7	41.3	1.3
감천항(방파제 입구)	255	819	9.0	18.8	1.0
부산신항(가덕수도, No.11 Buoy)	1,685	1388	10.3	25.1	2.6
부산신항(No.108 Buoy)	560	787	11.7	21.0	3.4
울산항(동방파제)	490	1307	9.9	20.5	2.3
울산항 1항로(SK No.5 부두 앞)	310	1145	9.2	20.5	2.7
울산항(본항)	300	785	8.2	20.3	1.5
온산항	380	934	9.0	20.4	2.3
포항(남방파제)	300	598	7.5	17.3	2.0
동해(남방파제)	210	321	7.2	12.1	1.5
삼척(남방파제)	150	128	5.7	10.8	1.6
묵호(남방파제)	170	106	7.7	15.4	2.1
옥계(남방파제)	150	62	5.9	10.5	2.1
평균	601.7	658.3	9.6	22.3	2.4

1.3.4 선박의 운동성능

주요 선박의 선회권은 〈표 1-11〉과 같으며, 선박길이(L)를 기준으로 나타낼 수 있다.

〈표 1-11〉 주요 선박의 선회권

(15° starboard helm and 35° port helm under the conditions of h / d = ∞ and h / d = 1.3)

Ship type	Helm angle	Depth / Draft ratio	Initial speed (kts)	Advance	Transfer	Tactical diameter	Max. advance	Max. transfer	Final diameter	Reach	Draft angle at=180°
260,000DWT Tanker VLCC(full)	35° port	h / d = ∞	11.99	3.47	1.55	3.18	3.52	3.26	1.32	2.29	23.20
	15° stbd.		11.99	5.12	2.48	4.98	5.16	5.01	3.16	3.08	12.40
	35° port	h / d = 1.3	11.57	5.09	3.57	6.61	5.09	6.62	4.75	2.20	1.80
	15° stbd.		11.53	9.69	7.36	13.76	9.69	13.76	11.13	3.55	1.40
260,000DWT Tanker VLCC(half)	35° port	h / d = ∞	12.19	3.23	1.40	2.90	3.28	3.00	1.14	2.20	15.70
	15° stbd.		12.19	4.82	2.31	4.61	4.86	4.66	2.83	3.55	13.50
	35° port	h / d = 1.3	11.68	4.45	2.99	5.55	4.45	5.55	4.04	2.01	1.70
	15° stbd.		11.68	8.12	5.95	11.18	8.13	11.18	9.17	3.10	1.60
260,000DWT Tanker VLCC(ballast)	35° port	h / d = ∞	13.11	2.58	1.31	2.79	2.61	2.83	1.29	1.42	16.90
	15° stbd.		13.11	3.47	1.85	3.99	3.49	4.02	3.24	1.60	9.70
	35° port	h / d = 1.3	12.23	3.23	2.24	4.33	3.24	4.33	3.25	1.27	3.60
	15° stbd.		12.10	5.33	3.96	7.65	5.33	7.66	6.59	1.79	1.80
10,000DWT Tanker Tanker(full)	35° port	h / d = ∞	11.87	3.88	1.91	4.15	3.93	4.21	2.75	2.17	16.90
	15° stbd.		11.87	5.27	2.83	6.07	5.32	6.11	5.04	2.55	10.30
	35° port	h / d = 1.3	10.28	5.71	4.53	8.80	5.71	8.80	7.88	1.57	1.30
	15° stbd.		10.28	10.69	9.47	18.86	10.69	18.86	18.57	1.38	0.60
127,000m³ LNG Carrier LNG(full)	35° port	h / d = ∞	12.33	3.22	1.75	3.73	3.24	3.75	3.10	1.56	9.10
	15° stbd.		12.33	5.48	3.75	8.10	5.50	8.12	7.62	1.60	6.40
	35° port	h / d = 1.3	11.90	4.55	3.33	6.57	4.55	6.57	5.86	1.53	3.10
	15° stbd.		11.88	7.52	5.91	11.98	7.52	11.99	11.66	1.66	2.00
6,000TEU Container Ship CNTN(full)	35° port	h / d = ∞	16.60	3.26	1.70	3.85	3.32	3.91	2.83	1.63	15.90
	15° stbd.		16.58	4.94	2.79	6.36	5.00	6.41	5.79	2.01	11.00
	35° port	h / d = 1.3	14.29	4.83	3.35	6.39	4.84	6.40	4.87	2.05	4.50
	15° stbd.		14.89	9.63	7.01	15.05	9.63	15.06	14.18	2.80	2.30
6,000unit PCC PCC(full)	35° port	h / d = ∞	11.53	3.73	2.02	4.48	3.79	4.55	2.74	1.87	16.40
	15° stbd.		11.53	5.60	2.99	6.73	5.65	6.78	5.98	2.47	10.40
	35° port	h / d = 1.3	11.01	4.96	3.25	6.32	4.97	6.33	4.53	2.23	5.90
	15° stbd.		11.01	8.60	6.20	12.37	8.61	12.38	11.28	2.44	2.90

Source : Kin Inoue(2013), Theory and Practice of Ship Handing, p.305, 상학당.

〈표 1-12〉 선박의 운동성능 제원(평균치)

GRT (톤)	DWT (톤)	LBP L(m)	특성 시간 Tc(초)	대각도전타(90도)				비상제동			
				선회종거		선회시간		정지거리		정지시간	
				km	L	Sec	Tc	km	L	Sec	Tc
20만	40만	355.2	45.4	1.05	2.96	187	4.16	5.0	14.1	1350	30.0
10만	20만	296.2	36.0	0.90	3.04	148	4.11	4.0	13.5	1056	29.3
5만	10만	233.0	29.6	0.74	3.17	129	4.35	2.9	12.4	620	20.9
2만	4.3만	177.8	22.9	0.60	3.37	100	4.37	1.41	7.9	360	15.7
1만	1.8만	140.3	17.8	0.51	3.63	83	4.66	1.20	8.5	280	15.7
3천	6500	94.7	14.0	0.300	3.17	64	4.57	0.85	9.0	240	17.1
1천	2200	64.0	10.8	0.205	3.20	47	4.35	0.63	9.8	210	19.4
500	1100	51.3	9.0	0.157	3.06	38	4.22	0.47	9.2	185	20.6

자료 : 海上交通工學(1981), 17쪽

인간의 보폭을 속력으로 나누면 약 0.4초, 자동차의 경우에도 길이를 속력으로 나누면 약 0.4초가 되고, 자전거나 말도 거의 같은 정도이다. 선박의 경우에도 철도와 같은 정도로서 특성 시간이 인간의 경우에 비해서 현격히 크므로 조종이 어려워진다. 〈표 1-12〉에서 보는 것처럼 100톤급 선박의 특성 시간이 6초인데 반해, 10만톤급 선박의 특성 시간은 36초로서 특성 시간이 이렇게 크게 다른 것은 대형선이 소형선의 빠른 움직임에 대처하기가 어렵다는 점을 설명해주고 있다.

그리고 상식적으로 생각하더라도 대형선의 선박운항자와 소형선의 선박운항자 간에 서로의 조선특성을 이해하기가 어려울 것이라는 결론이 나온다. 자동차나 사람, 그리고 열차도 그 속력이 느린 쪽이 조종하기가 쉽다. 정지에 필요한 거리는 속력의 제곱에 거의 비례하고, 선회 반경도 속력이 증가하면 커지게 된다.

반면, 비행기는 속력을 그렇게 낮게 할 수가 없다. 프로펠로기에서는 순항 속력의 1/2, 아음속기에서는 1/3, 초음속기에서는 1/6정도 이하 속력에서는 비행이 불가능하기 때문이다.

B747의 착륙 시의 날개를 살펴보자. 60미터 가까운 거대한 날개의 전후에 있는 42매의 Flap(비행기의 보조날개, 정확히 표현하면 앞쪽의 것은 Slat, Slat은 모두 30매, 뒤쪽 Flap은 모두 12매)를 확장시켜 날개폭을 2 / 3 정도 증가시킴으로써 저속 비행 시의 고양력(高揚力)과 안정을 도모한다.

선박에서는 실속(失速)이 없는 것처럼 보이지만 속력이 떨어지면 타효가 나빠져 조종이 곤란해진다. 또한 조류나 바람에도 떠밀리게 된다. 이상을 종합해보면 선박은 교통기관 가운데에서 교통이 폭주하고 있는 상황에 대한 적응능력이 가장 낮다는 것을 알 수 있다.

그런데 2척의 선박이 접근하여 충돌위험이 있을 때는 피항 의무선이 급선회를 하기도 하지만, 역전제동(Crush Astern)을 걸어도 충돌을 피할 수 없는 한계가 있고, 이것은 주로 선박의 조종성능과 크기 및 피항조작으로 정해진다.

〈표 1-12〉에 만재상태에서 항해속력으로 항행 중인 선박이 35도 전타하여 침로가 90도 바뀔 때(Advance)까지, 그리고 역전제동을 걸어 정지할 때까지의 거리(Short Stopping Distance)를 km와 L로, 시간을 초와 Tc(특성시간, L/V)로 나타내고 있다.

표에서 선회관계의 거리, 시간의 대수 표준편차는 0.10(25%)정도로서 정지거리는 0.18(50%)정도로 크고, 정지시간은 0.13(35%)정도의 분산이 있다.

여유있게 목표를 잡아서 선회종거가 3.3L에서 소요시간이 4.4Tc, 비상 제동거리가 10L에서 시간이 20Tc, 그리고 거대선의 정지는 이 수치의 50% 정도가 할증된다. 역시 역전제동의 경우에는 침로가 불안정하게 되는 점에 주의하여야 된다.

1.3.5 선박의 지능과 감각

교통수단을 준(準)동물이라고 볼 수 있을 때 구조물은 준(準)식물이라고 볼 수 있다. 그 때문에 동물의 행동연구에 몰두할 때 먼저 해야 할 일은 감각기관의 능력을 조사하는 일이다. 교통 시스템에서는 전통적으로 지능, 감각을 모두 조종자의 손에 의지해 왔으며, 현재도 자전거나 자동차는 거의 손에 의지하고 있다.

그러나 현실적으로 교통수단에 필요한 것은 손뿐만이 아니라 자세도 포함된 내부 환경정보와 위치, 통신을 포함한 외부 환경정보를 각각 처리하는 일일 것이다. 지금부터는 이러한 내용에 대해 해상교통에 깊이 관계한 것에 대해 중점을 두고 조사해보기로 한다.

우선 VHF는 금후 해상교통의 관리에 있어 빠질 수 없는 것이기 때문에 이 장비 보급률을 조사해 보기로 한다. 기술의 발달과 가격의 저렴화로 전에 비해서는 그

보급률이 상당히 높아졌지만, 선박안전법에서 국제항해에 취항하는 여객선, 국제항해에 취항하는 총톤수 300톤 이상의 선박 및 국토해양부장관이 특히 정하는 선박(예 : 10마일 이상을 항행하는 총톤수 20톤 이상의 선박과 10마일 이상을 항행하는 총톤수 20톤 이상의 여객선)에는 무선설비를 갖추도록 규정하고 있는 관계로, 300톤 보다 작은 선박에 있어서는 아직도 보급률이 그리 높은 편이 아니다.

다음으로 주기관의 자동제어장치(주기의 원격조종장치, 초 자동화장치를 포함) 등, Auto Pilot, 레이더(Radar), 위성항법장치(GPS, DGPS 등)와 함께 음향측심기 등의 장비보급률을 조사해 보면 레이더의 보급률은 100~1,000톤 사이에서 급증하고 있고, 주기의 자동제어장치와 자동조타장비도 비슷한 경향을 보이고 있다.

선위의 정확도로서 대양상에서는 2~5마일, 연안에서는 1/4마일, 협수도에서는 50~100미터 정도가 필요하다고 하는데, 위성항법장치나 레이더, GPS 등을 사용하면 이러한 정확도에는 거의 문제가 없다. 해양사고 발생지점 분포로 보아 소형상선이 육안으로부터 12마일 이상 떨어져 항행하는 확률은 3~5%로 추정된다.

따라서 이러한 요소도 레이더와 기타 선위 측정장비의 보급률에 영향을 미치는 것으로 보인다. 대개 같은 정도로 발달한 동물의 뇌의 중량은 체중의 거의 0.6제곱에 비례하지만, 선박의 장비보급률도 비슷한 경향을 보이고 있다. 일반적으로 크기가 증가함에 따라 그것을 제어하는 기능이 필요하게 되고, 운동이 빨라지면 한층 고급의 감각기관이 필요하게 된다.

선박의 크기가 작고 속력이 느리다면 조선자의 감각과 망원경, 등화, 기적만으로도 충분할 것이다. 그러나 음향신호장치의 기술기준에 적합한 거대선용의 강력음향장치로도 무풍상태에서 2마일까지 미치는데 불과하다. 또한 이 기준에 의한 기적을 쓰면 같은 조건으로 선박의 길이 75~200미터에서는 1.4마일, 20~75미터의 선박에서는 1마일, 그 이하에서는 0.5마일로 된다. 그렇지만 맞바람, 옆바람에서는 거대선의 음향장치로도 1마일을 미치기 어렵다.

해양상에서 인간의 감각에 의해 99%의 확실성으로 볼 수 있는 거리는 0.5~1km 정도이고, 2~4km에서는 레이더 등의 장비를 이용하지 않으면 아니된다. 또한 해양안전심판원의 재결록을 이용하여 조사한 결과로는 충돌을 피하는데 적어도 선박길이의 6배, 즉 6L 이상의 거리에서 회두를 시작해야 하고, 그리고 15L정도 이상에서 상대선을 초인하여야 될 것으로 추론된다.

만약 1,000톤(길이 약 64미터 정도)선박에서 99% 이상의 확실성을 가지고 상대선을 초인하였다면, 이 경우 조종자의 시각이나 청각만으로는 충돌을 피하기가 불충분하다. 더구나 충돌은 수만회의 우연한 만남(encounter) 중에서 1회 정도의 확률로 발생하는 것이기 때문에 소형선에도 레이더나 무선전화, 그리고 자동차의 방향지시등이나 경적 등에 상당하는 정보를 전파로 전달하는 장치를 설치할 필요가 있다.

이상에서 본 바와 같이 선박은 또한 교통폭주 수역에 적응할 수 있는 정도의 충분한 장비를 보유하고 있지 않으면 안될 것이다. 그리고 언제, 어디서든지 즉시 수십미터의 정확도로 선박의 위치를 측정할 수 있고, 언어의 장해 없이 극히 단시간에 통신이 가능한 기술수준에까지 도달하여 있는 것이 현실정이다.

제2장

안전·관리 및 해양사고

2.1 안전 및 관리

2.2 안전관리와 해양사고

2.1 안전 및 관리

2.1.1 안전의 개념

우리는 항상 위험에 직면해 있다고 할 수 있다. 안전이란 위험이 생기거나 사고가 날 염려가 없이 편안하고 온전한 상태라는 정의*도 있듯이 안전의 개념은 매우 다양하고 범위가 넓어 한 문장으로 정의하기가 쉽지 않다.

[그림 2-1] 안전 · 위험의 애매모호한 경계영역

Inoue**는 안전한 상태란 위험이 매우 억압되어 위기적인 상태가 발생하기 어려운 상태라고 할 수 있다고 하였다. 즉 일반적으로 안전한 상태란 해운무역, 선박 운항에 관한 사고가 발생하지 않거나 발생하기 어려운 상황이라고 바꾸어 말할 수 있다고 하였다. 이를 정리하면 안전은 관련한 시스템의 배후에 잠재하는 위험성이 매우 억압되어 위기적인 상태가 발생하기 어려운 상황을 말한다.

또한 Kuo***는 안전이란 인명, 재산과 환경에 대하여 위험이 없는 시스템의 관리, 기술과 운영을 어느 정도로 해야 하는지를 결정할 수 있는 인간에 의하여 인식된 특성을 의미한다고 하였다.

이 정의에 사용된 단어에 대한 구체적인 의미를 살펴보면 다음과 같다.

- 인명(Life) : 인간의 삶과 인간복지의 보호와 바로 연관된 안전 개념
- 재산(Property) : 위태롭게 할 수 있는 중요 시스템
- 환경(Environment) : 가장 중요한 방법으로 환경에 영향을 미칠 수 있는 해양 결함(예 : 유조선의 좌초는 원유양의 많은 유출을 초래할 수 있음)

---

* dic.daum.net

** 井上欣三, 海の安全管理學

*** Chengi Kuo, Safety Management and its Maritime Application. "Safety is a (human) perceived quality that determines to what extent the management, engineering and operation of a system is free of danger to life, property and the environment."

- 위험(Danger) : 위험으로 간주되는 높은 위험 레벨의 위기
- 시스템(System) : 선박 또는 선박의 요소, 설치, 절차 또는 프로젝트와 같은 완성된 체계를 표현하는 용어
- 관리(Management) : 조직관리에 의해 이행되는 특정한 목적을 충족할 수 있도록 잘 조치된 자원과 활동
- 기술(Engineering) : 시스템 성능에 영향을 주는 설계와 만드는 방법을 포함한 다수의 기술요소
- 운영(Operation) : 부정확한 운영에 따른 시스템이 이상이 발생할 수 있으므로 운영적 측면이 중요함
- 인간(Human) : 모든 사고는 인간에 의하여 발생되므로 안전정의의 필요성
- 인식(Perceived) : 안전의 인지, 지각 등의 허용
- 특성(Quality) : 안전은 절대적이지 않고 주어진 환경에 의하여 정해지는 항목

이러한 안전과 관련한 단어를 살펴보면 훈련, 설계, 문화, 태도, 운영, 인적요소, 절차, 의사소통 및 법규 등의 단어를 들 수 있다.

2.1.2 관리의 개념

관리란 사람을 통솔하고 지휘 감독하거나 시설이나 물건 또는 심신의 유지와 개량을 꾀하거나 어떤 사무를 맡아 처리하고 관할함이라고 되어 있다*. 이러한 관리라는 용어는 사람마다 생각하는 개념이 상이하듯이 한마디로 표현하기 어려운 단어이다. 보통 관리하고 하면 사람이나 행동, 시설, 물건을 감시, 감독한다는 부정적인 의미로 받아들일 수 있다. 하지만 우리가 사용하는 영어인 Manager, Top Manager는 업무목표를 잘 달성할 수 있도록 구성원의 역량을 합치고 행동할 수 있도록 하는 역할을 하는 사람을 머릿속에 떠올린다.

Inoue 등**은 조직구성원과 관련된 사람에 의하여 행동의 목적을 성취하는 방법을 관리라고 하였다.

---

* dic.daum.net

** Kinzo INOUE, YS PARK, Hideo USUI, Wataru SERA, Kenji MASUDA(2002), Safety Management of Vessel Traffic in Ports and Waterways "The Term management can be described as a way of achieving the goal of an activity by motivating the members of an organization or relevant people."

따라서 올바른 관리의 개념은 관련 시스템에 있어 목표를 달성하기 위하여 조직으로서 또는 사회로서 해야 하는 대책의 논리적 필요성과 합리적 설명을 명확하게 한 후에 구성원의 깊은 이해와 납득 아래, 관계자 간 합의를 이끌어 목표달성을 향하여 행동하고 또는 그와 같은 방향으로 가도록 하는 일련의 활동 프로세스를 말한다고 할 수 있다.

2.2 안전관리와 해양사고

2.2.1 안전관리개념

안전관리란 재난 및 안전관리기본법에 의하면 기업이 근로기준법에 의하여 재해나 사고를 방지하여 종업원의 안전을 꾀하려고 취하는 조치나 대책이라고 하였다. 또한 Kuo*에 의하면 안전관리란 어떤 상황이나 시스템을 위한 허용할 수 있는 안전 레벨을 유지할 수 있는 자원과 활동을 조정하는 과정이라고 하였다.

이러한 내용을 종합하여 정리해보면 안전과 관리의 개념을 정리하여 안전관리의 의미를 살펴보면 시스템이나 조직과 관련한 잠재 및 현존하는 위험성을 억제할 수 있도록 합리적인 방법과 합의에 의하여 사람에 의하여 행동되는 활동과정을 의미한다고 볼 수 있다.

한 가지 명심하여야 하는 것은 위험은 관리가 가능하지만 안전은 관리가 불가능하다는 것을 인지하여야 한다. 안전관리의 작업절차를 살펴보면 [그림 2-2]와 같이 계획(Planning) → 대책안 마련(Policy Alternatives) → 평가(Assessment) → 실행(Implementation) → 검증(Check)과 같은 절차를 따라 이루어진다.

* "Safety Management is the process which coordinates resources and activities to ensure that on acceptable level of safety for a situation or system."

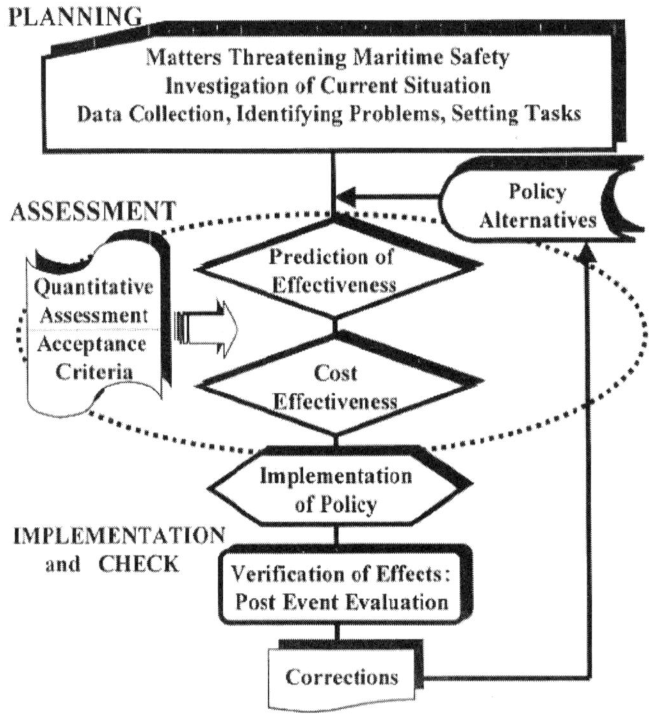

출처 : PIANC 2002 30th International Navigation Congress

[그림 2-2] 안전관리의 절차

(1) 계획단계

가장 먼저 이루어지는 단계로 현장조사 절차이다. 시스템을 둘러싸고 있는 사건 및 현상을 사전에 조사하여 데이터를 수집하고 분석하여 안전저해요인을 도출하고 시스템 배후에 잠재되어 있는 위험도 도출하여 어느 정도의 문제를 대상으로 안전성향상을 도모할 수 있는가를 검토하여 해결할 수 있도록 과제를 설정하는 단계이다.

(2) 대책(안)마련 단계

안전을 위협하는 사상을 발굴하여 안전을 향상시키기 위한 과제를 설정하고 과제해결을 위한 대책(안)을 설계하는 단계이다.

(3) 평 가

효과 추정 단계로 입안된 대책안의 실시효과를 과학적인 기법으로 정량적으로 예측평가하는 단계임. 그리고 각 시책에 대한 유효성과 비용 대 효과를 분석한다.

(4) 실 행

가장 유효성이 높은 대책(안)을 실시하는 단계이다.

(5) 검 증

사후 평가 단계로 실시한 대책(안)의 유효성을 검증하고 그 결과를 기초로 필요한 대책(안)을 수정하거나 또는 대책(안)을 새롭게 고치는 단계이다.

2.2.2 해양사고

해양사고라고 하는 것은 넓은 의미에서는 해상에서 선박과 관련하여 발생하는 모든 사고의 총칭이라고 할 수 있으며, 우리나라에서 해상활동과 관련하여 법률적으로 그 범위를 규정하여 놓은 것 중에 가장 구체적인 것으로는 해양안전심판법이 있고 그 다음으로는 해상법 및 선원법이 있다.

특히 해상법 및 선원법상에서는 해양사고에 대하여 해양사고심판법(해양사고의 조사 및 심판에 관한 법률)과 같이 구체적으로 정의하고 있지는 않지만 그 내용을 포괄적으로 규정하고 있어서 해석상에 있어서는 약간의 논란의 여지가 있음을 알 수 있다.

(1) 해양사고심판법상의 해양사고

해양안전판법에서는 해양사고에 대하여 다음과 같이 구체적으로 규정하고 있다.

1) 선박이 훼손 또는 멸실되거나 선박의 운용에 관련하여 선박 이외의 시설에 손상이 생긴 경우

여기서 선박이라 함은 수상에 있어서 사람 또는 물건의 운송에 쓰이도록 제공되는 구조물을 말하며, 선박 이외의 시설이라 함은 항로표지, 계선시설, 부두하역시

설, 방파제, 해저전선, 어장 등과 같은 시설물들을 말한다.

2) 선박의 구조, 설비 또는 운용에 관련하여 사람을 사상한 경우

여기서 선박의 구조, 설비는 선박에 설치되어 있는 모든 시설물을 말하며, 운용은 선박의 항행, 정박, 하역 등의 선박운항과 관련한 모든 것을 말한다.

3) 선박의 안전 또는 운항이 저해된 경우

여기서 안전이 저해된 경우는 화물의 적부불량이나 해상교통안전법, 개항질서법, 해상충돌예방규칙 및 각 지방항만청이 정한 특별규칙, 선원법 등의 법규위반 기타의 이유로 선박이 해난발생의 우려가 있는 상태를 말하고, 운항이 저해된 경우라 함은 자선 및 타선들의 정상적인 운항을 방해하는 상태가 발생한 경우를 말한다.

(2) 해상법상의 해양사고

해상법에서는 해양사고에 대하여 해양안전심판법과 같이 구체적으로 정의하고 있지는 않지만 위에서 언급한 해양안전심판법에서의 내용과는 다르게 표현하고 있으며, 그 내용은 다음과 같이 요약할 수 있다.

해상법 중의 해난구조법에 의하면 해난구조가 성립하려면 선박 또는 적화물의 전부 또는 일부가 해난에 조우한 경우에 의무 없이 이를 구조할 것을 요한다(상법 제882조)라고만 되어 있다.

이와 같이 상법에서는 해난사고에 대하여 구체적인 정의를 내리고 있지 않고 다만 해난사고의 성립요건에 대해서 기본적인 원칙만 간단히 언급하고 있으며, 이것은 해상의 선박에 의하여 이루어지고 있는 상행위가 육상과는 달리 그 범위가 너무 광범위하고, 또한 변수요인들이 너무나도 많으므로 시대 사정과 사회통념에 따라서 결정하는 것이 바람직하다고 판단했기 때문으로 사료된다.

그러므로 해상법상의 해난이라 함은 항해에 관련된 위험으로서 선박의 자력으로서는 극복할 수 없을 정도의 위험, 즉 선박 또는 적화물이 멸실 또는 훼손의 우려가 있는 것을 요한다고 해석하고 있으며, 그 범위는 점점 더 다양하고 광범위하여 가고 있다고 하겠다.

(3) 선원법상의 해양사고

선원법상에서도 해양사고에 대해서 구체적으로 정의하고 있지는 않지만 다만 선원법 제21조의 선박운항에 관한 보고의무를 규정한 조문에서는 해난의 종류 및 기타 보고사항으로 다음과 같이 열거하고 있다.

① 선박의 충돌, 침몰, 멸실, 화재, 좌초, 기관의 손상, 기타 및 그 밖의 해양사고가 발생한 경우
② 항해 중 다른 선박의 조난을 안 경우(무선통신으로 알게 된 경우는 제외)
③ 인명이나 선박의 구조에 종사한 경우
④ 선내에 있는 사람이 사망하거나 행방불명된 경우
⑤ 미리 정하여진 항로를 변경한 경우
⑥ 선박이 억류되거나 포획된 경우
⑦ 그 밖의 선박에서 중대한 사고가 일어난 경우

이상에서 나열하고 있는 7가지의 내용은 모두 다 해양사고로 간주할 수 있는 실제적인 사항들이며, 해양안전심판법에서 규정하고 있는 내용보다는 좀 더 구체적으로 나타내고 있다고 볼 수 있으며, 특히 항로의 이로와 관련한 내용은 본선 선장이 단독으로 판단하여 처리할 수 있는 여지가 있는 항목이다.

(4) 해양사고의 종류

위에서 알 수 있는 바와 같이 선박과 해상을 주 무대로 하여 일어나고 있는 해양사고는 육상의 자동차나 교통로와는 달리 해상에서는 항로가 가시적으로 명확하게 어떤 선으로 나타나는 것도 아니고, 또한 항상 자연적인 외력의 영향인 바람과 파도, 해류와 조류, 안개 등의 영향으로, 그리고 여기에 육지로부터의 고립성이 추가되어 육상에서는 볼 수 없는 특이한 경우가 많다.

그러므로 해양사고를 정의함에 있어서도 포괄적으로 나타내고 있고, 현대와 같이 사회가 다원화되고 복잡한 현실에 있어서는 발생하는 해양사고의 내용도 매우 다양하여 그 해석에는 애매한 점이 많고, 실제로 해양사고의 문제를 다룰 때에는 이들을 보다 구체적으로 그 유형별로 분류하여 처리하는 것이 편리할 때가 많다.

이러한 해양사고의 유형분류는 원인분석 및 해양사고방지의 대책수립에 있어서

기초가 되므로 가능하면 명확히 분류할 필요가 있으며, 이를 위하여 교통부 훈령 616호 해난조사 사무처리요령에 의한 해양사고의 유형분류를 보면 행방불명, 침몰, 전복, 충돌, 승양, 화재, 기관손상, 속구손상, 조난 등의 9가지로 나누어져 있고, 그 외에도 시설물 손상, 안전저해, 운항저해, 인명사상 등으로 나눌 수 있다.

여기서 충돌은 접촉을 포함하며, 승양은 좌초, 좌주, 각초, 저촉을 포함한다. 또한 해양사고를 사고의 근본원인에 따라 크게 교통관련사고(Traffic Accident)와 기술관련사고(Technical Accident)의 두 종류로 구분하고 있다.

충돌, 좌초 및 접촉사고는 교통관련사고에 포함되며, 화재 및 폭발, 침몰, 전복, 사상, 침수 및 Weather Damage 등은 기술관련사고에 속하는데, 이 분류방법에 대한 설명은 해양사고에 대한 대처방법을 보면 명확해진다. 교통관련사고는 통항분리항로(Traffic Separation Scheme)의 설치, 선박교통관제(Vessel Traffic Service)의 도입, 항로표지의 개선 등과 같은 교통환경의 개선을 통하여 어느 정도 예방이 가능하지만, 기술관련사고는 선박에 대한 기술적 개선을 필요로 한다는 점이다.

(5) 해양사고의 유발요인

해양사고는 육상에서의 사고와는 달리 순간적으로 일어난다고 하기 보다는 작은 원인들이 시간이 지남에 따라 축적되어 어느 시점에 하나의 사고로 나타나게 된다. 육상에서의 사고는 즉각적인 조치로 피해의 확산을 줄일 수 있지만, 선박에서 발생하는 해난사고는 육상사고와는 달리 시간적인 여유를 갖고 미리 대처를 하지 못하면 사고가 발생하여 확산되더라도 속수무책인 경우가 많다.

또한 최근의 선박은 대형화, 고속화, 전용선화로 인하여 고도의 기술집합체로 변모하고 있으며, 일단의 기술, 기능인에 의하여 운항되고 있어서 선박에 의한 해양사고는 항상 복합적인 요인에 의하여 발생하는 잠재요인을 내포하고 있다.

이러한 해양사고의 특성은 그 사고에 대하여 오직 자연과 당사자인 사고선박의 승조원만이 확실한 증인이며 또한 해양사고 원인분석의 주역인 것이다. 그러므로 대부분의 실종선박에 있어서는 유추해석에 의한 원인규명이 이루어지는 정도이고 경우에 따라서는 미지의 숙제로 남아버리고 만다.

특히 우리나라의 경우는 1980년대에 접어들면서 해운이 급속한 양적 확대와 질적인 변화를 가져오면서 해양사고도 해마다 계속 늘어나는 추세를 보여 왔으며,

이에 대하여 선박 안전관리의 중요성이 어느 때 보다도 강조되면서 해양사고의 예방을 위하여 보다 체계적이고 실효성이 있는 안전관리대책을 다각도로 수립하여 오고 있는 상황이다.

해상에서의 선박생활은 고립된 특수한 생활환경과 변화무쌍한 자연환경 속에서 적응하여야 하므로 다른 어떤 생활여건보다도 위험에 직접적으로 노출되어 있고 열악한 환경인 것이다. 이러한 환경 속에서 현재까지 계속 증가하여 발생하고 있는 우리나라의 해양사고를 원인별로 대별하면 운항과실과 정비취급불량 및 기타의 항목으로 나눌 수 있겠으나, 사실은 해양사고에 관계된 원인요소는 수없이 많으며 이들이 복합적으로 작용하여 사고를 일으키게 된다.

사고가 있으면 거기에는 반드시 사고를 일으키게 한 원인이 있게 마련이며 이러한 사고의 원인요소의 수와 사고에 관련된 원인들의 조합은 무수히 많게 된다. 예를 들어 뒤에 설명하는 [그림 2-3]에 82가지의 원인요소를 예로 들고 있는데, 한 사고에 한 가지의 요소만이 사고의 원인이 된다면 82개의 요소가 원인요인으로 등장하게 된다.

그러나 만일 한 사고에 2가지의 요소가 원인이 된다면 3,321가지의 서로 다른 원인요소 그룹이 있게 된다. 이는 조합이라는 개념을 통해 쉽게 이해할 수 있다. 만일 82개의 원인요소 중에 k개의 요소가 사고의 원인이 된다면 가능한 조합의 수는 다음 식에 의해 얻을 수 있다.

$$_{82}C_k = \frac{82!}{k!(82-k)!}$$

해난의 원인요소를 구체적으로 분류한 한 예*를 살펴보면 크게 환경요소, 인적요소 및 기술적인 요소의 3가지로 대별할 수가 있고, 이들을 다시 몇 개의 소그룹으로 나누게 되면 원인요소의 분석 등에 많은 도움이 된다. 구체적인 분류방법과 해양사고의 원인요소는 뒤에 설명하는 [그림 2-3]을 참조하면 된다.

* PARK Jin-Soo, Marine Traffic Engineering in Korean Coastal Waters, University of Plymouth, U.K., 1994

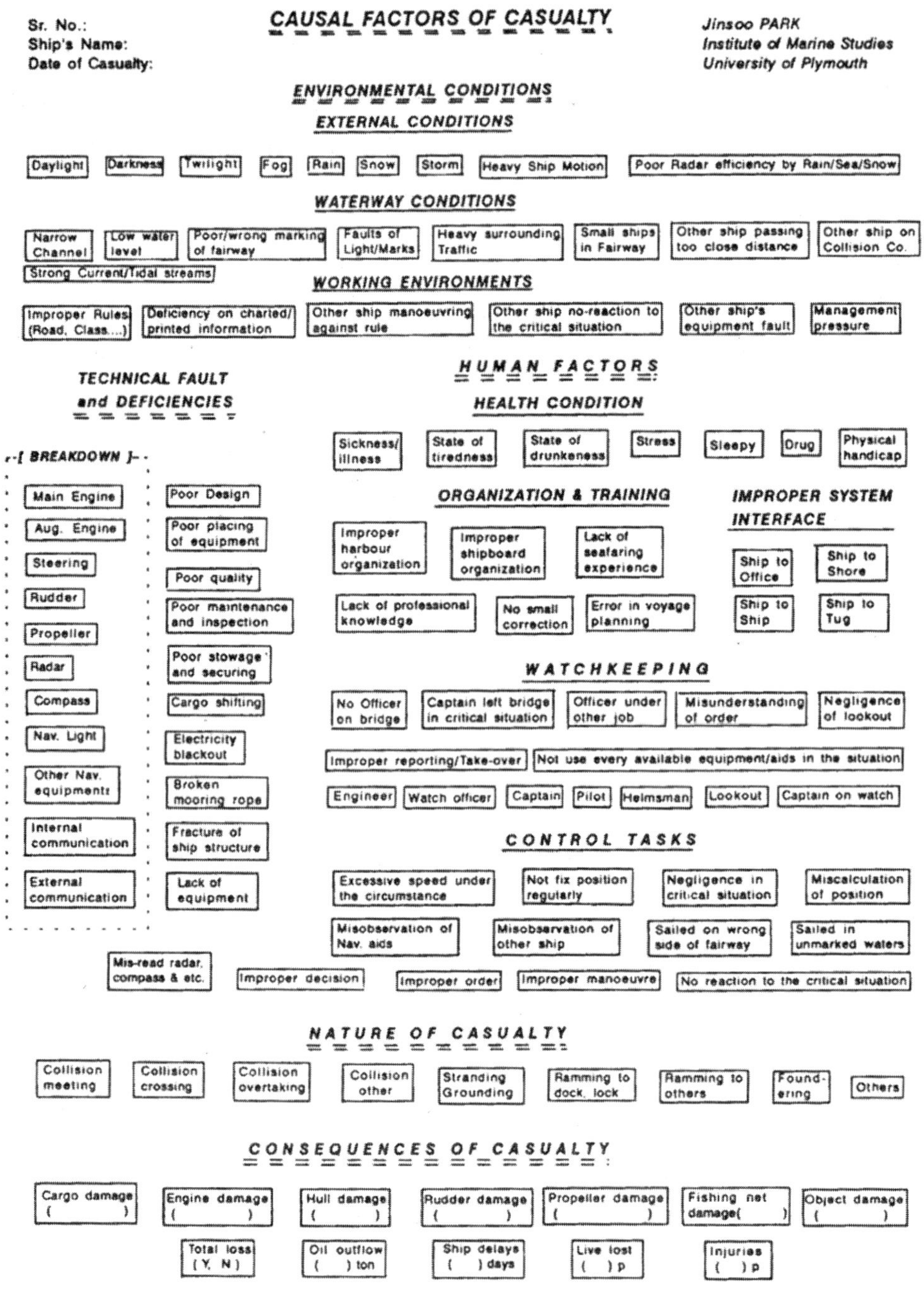

자료 : PARK Jin-Soo, Marine Traffic Engineering in Korean Coastal Waters), University of Plymouth, U.K., 1994

[그림 2-3] Functional Block Diagram

(6) 해양사고조사

해양사고에 관한 통계는 일반적으로 다음에 열거하는 기관으로부터 구할 수 있다.

① 항만당국(Port/Government Authorities)
② 수색 및 구조본부(Search & Rescue Centre)
③ 보험회사(Underwriters & P+I Clubs)
④ 선주(Shipowners)
⑤ 선급협회(Classification Societies)
⑥ 화주(Cargo Operators)
⑦ Lloyd's Weekly Casualty Report & Lloyd's List
⑧ Lloyd's Register of Shipping - Statistical Tables

한편 국내에서 발행되는 해양사고통계자료는 해양수산부, 해양경비안전본부, 해양안전심판원 등 여러 기관에서 다루고 있어서 우리나라에서 발생하는 해양사고의 정확한 실태를 파악하기는 그다지 쉽지 않고 또한 그 통계자료도 약간씩 차이가 있음을 알 수 있다.

그러나 우리나라의 해난에 관한 기록 중 가장 객관성이 있는 자료는 각 지방 해양안전심판원의 해양안전심판재결서이며, 특히 중앙해양안전심판원의 해양안전심판사례집은 우리나라 해양사고의 총괄적인 통계자료로서 해양사고의 원인규명이나 해양사고의 발생조건, 환경 등의 요소를 분석하고 통계자료로 처리함에 있어서는 신뢰성 또한 높은 자료라 할 수 있다.

따라서 비록 해양안전심판법에 의하여 해양안전심판을 받는 선박은 실제로 해양사고를 일으킨 선박 중의 일부분에 지나지 않고, 그것도 비교적 중대한 사건에 대해서만 심판을 행하고 있기는 하나, 중앙해양안전심판원에서 발간하는 〈해양안전심판사례집〉과 해양경비안전본부에서 발간하는 〈해양사고통계연보〉는 대표적인 통계자료이다.

〈해양안전심판사례집〉에는 해양사고통계와 그 해에 재결한 모든 해양사고에 대한 재결번호, 사고종류, 사고위치, 사고에 포함된 선박의 명칭, 사고일시를 부록으로 싣고 있을 뿐만 아니라, 그 해에 재결이 끝난 사건 중에서 일부를 선정해 그 재결록을 싣고 있으므로 개개의 해양사고기록으로서 가장 내용이 충실하다고 할 수 있다.

한편, 최근 5년간 우리나라 해역 주변에서 발생한 해양사고위치 및 현황을 살펴보면 [그림 2-4]와 같다. 남해안해역이 해양사고가 가장 빈번하며, 제주도와 남해·서해안 사이에 충돌사고가 많은 것으로 분석된다.

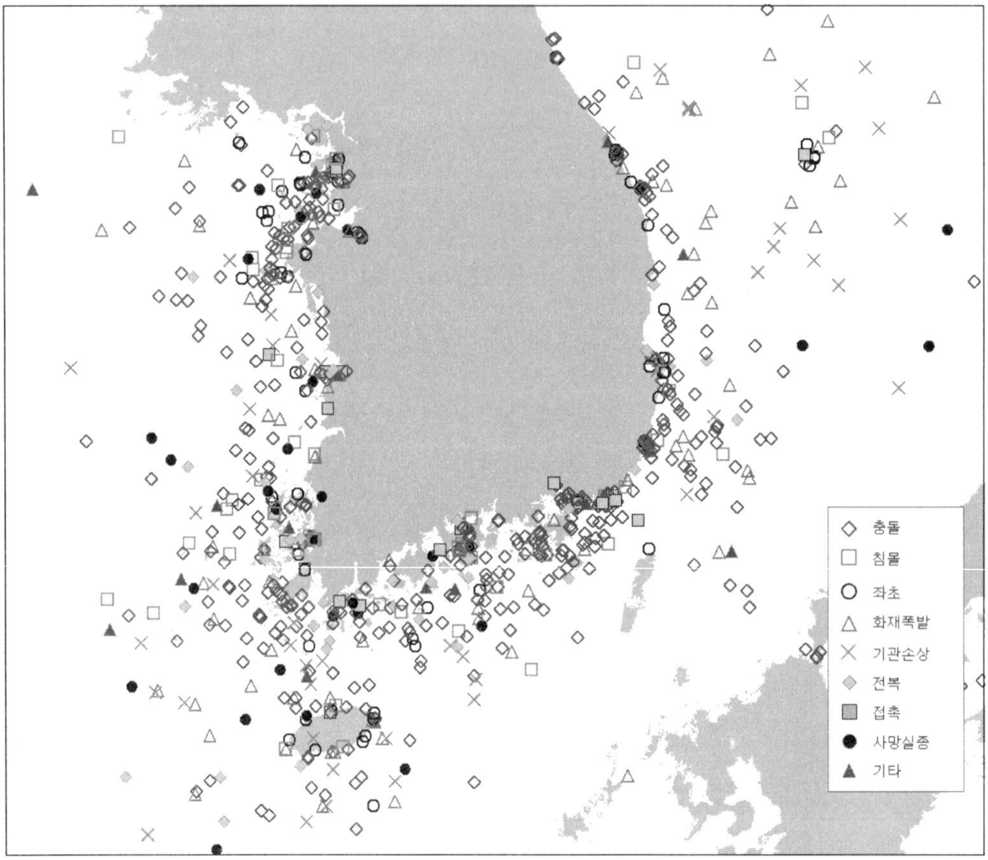

[그림 2-4] 최근 5년간 우리나라 해역 해양사고 발생지역

제3장

해상교통관제

3.1 해상교통관제의 개요

우리나라를 비롯하여 세계 각지에는 선박의 고속화, 대형화 및 해상교통량 증가에 대한 해상교통 질서확립 및 해양사고를 미연에 방지하기 위하여 해상교통관제*(VTS : Vessel Traffic Service) 시스템을 설치하여 해상교통안전을 획보하고자 하고 있다.

3.1.1 해상교통관제 설치배경

해상교통관제는 1948년 영국 리버풀항에 처음 설치되었으며, 해상교통 안전확보에 기여할 수 있다고 하여 우리나라에서도 1993년 포항항을 시작으로 설치되어 운영되고 있다.

(출처 : Photo, collection D. Zwijnenburg)

[그림 3-1] 1948년 로테르담에서 실시된 VTS 실험

* 해상교통관제는 VTC(Vessel Traffic Control), VTM(Vessel Traffic Management), VTMS(Vessel Traffic Management System, VTSS(Vessel Traffic Surveillance System, PTC(Port Traffic Control, WWMS (Water-Way Management System), VTIS(Vessel Traffic Information Service), VTAS(Vessel Traffic Advisory service), VTS 등의 다양한 명칭을 사용하고 있다.

(1) 해상교통관제 정의

1) 국제해사기구(IMO : International Maritime Organization)의 정의

선박통항의 안전과 효율을 증진시키고 환경을 보호하기 위하여 주무관청(Competent Authority)이 제공하는 서비스로, 이러한 서비스는 VTS 구역 내에서 일어나는 교통상황과 상호 작용하여 대응할 수 있어야 함을 의미한다.

2) 해사안전법 정의(제2조 정의)

선박교통의 안전 및 효율성을 증진하고 해양환경과 해양시설을 보호하기 위하여 선박의 위치를 탐지하고, 선박과 통신할 수 있는 설비를 설치 · 운영함으로써 선박의 동정을 관찰하며 선박에 대하여 안전에 관한 정보를 제공하는 것을 의미한다.

3) SOLAS 정의

해상에서의 인명의 안전, 항해의 안전과 효율성에 기여하고, 해상교통이 야기할 수 있는 유해한 환경으로부터 해양환경, 인접해안, 작업장 및 연안 해상설비를 보호하는데 기여한다고 규정한다.

4) 지방청 해상교통관제 운영규정 정의

레이더, VHF, AIS 등 첨단과학장비를 이용하여 선박교통의 안전과 효율성을 확보하고, 해양환경을 보호하기 위하여 통항선박의 동정을 관찰하고 이에 필요한 정보를 제공하는 정보교환체제를 말한다.

5) 용어사전* 정의

선박의 안전하고 원활한 통항을 목적으로 레이더, CCTV, 무선전화 등 해상교통관제시설을 이용하여 항행하는 선박에 대하여 적절한 항행정보를 제공하고, 당해 선박이 적법하게 항행하는지의 여부를 감시 · 지도하는 제도이다.

---

* 공길영, 선박항해용어사전

(2) 해상교통관제의 운영근거

1) 국내법에 의한 해상교통관제 시행(해사안전법 제36조)

① 선박교통의 안전을 도모하기 위하여 대통령령으로 정하는 바에 따라 해양수산부장관은 선박교통관제를 시행할 수 있다.

② 선박교통관제를 시행하는 구역에 정박하거나 통항하는 선박은 관제사와의 상호 호출응답용 관제통신을 항상 청취하여야 한다.

③ 관제구역별 관제통신의 제원(諸元) 등 관제에 필요한 사항은 해양수산부령으로 정한다.

2) 국제지침(IMO Res. A 857(20))*에 따른 해상교통관제 운영

① 협약당사국 정부는 해상교통량 또는 해양안전을 위협하는 위험도를 고려하여 VTS 서비스가 요구된다고 판단되는 해역에 VTS 설치할 의무를 규정하고 있다.

② VTS 운영에 관하여는 IMO에서 정한 선박통항관제지침서의 지침을 따르도록 하고 있다. 당사국 정부는 자국의 선박이 선박통항관제의 규정을 지키거나 이행하도록 노력할 것을 요구하고 있다.

3.1.2 해상교통관제 설치목적

(1) 해상교통관제 시스템 설치가 필요한 해역

① 선박통항량이 많은 곳

② 위험화물 운반하는 항로

③ 충돌 및 복잡한 해역

④ 어려운 수로, 수문, 기상요소

⑤ 천수 및 위험지역으로 접근

⑥ 환경적인 고려요소

---

* RES. A.857(20), GUIDELINES FOR VESSEL TRAFFIC SERVICES, adopted on 27 November 1997

[그림 3-2] 우리나라 항만 VTS 현황

⑦ 선박과 다른 해양활동과의 상호작용

⑧ 해양사고의 기록

⑨ 협수로, 항구, 교각 및 유사한 지역

(2) 해상교통관제 시스템 설치 시 준수사항

IMO 및 IALA의 권고 및 지침에 의해 VTS를 계획하고 설치하고자 하는 정부 또는 주무관청은 VTS의 지침에 관한 IMO 총회결의 A.857(20)을 전적으로 참작해야 하며 특히 다음 사항을 준수하도록 하고 있다.

① 국내법 또는 국제법에 따라 입법이 VTS의 설치와 운영을 위해 적소에 있다는 것을 보장해야 한다.

② VTS를 위한 임무진술과 목적들이 설정되어 있음을 보장해야 한다.

③ VTS 당국이 지정되어 있고 법적으로 권한을 부여받았다는 것을 보장해야 한다.

④ 적절한 곳에서 VTS 하위구역과 섹터들을 정의하는 것을 포함하여 지리적인 VTS 서비스 구역이 선으로 그어졌고 선언되었다는 것을 보장해야 한다.

⑤ VTS의 목적과 관련하여 VTS에 의해 제공되어질 서비스를 결정해야 한다.

⑥ 육상과 근해에 기초한 장비를 위한 적절한 기준을 설정해야 한다.
⑦ VTS 당국이 VTS의 목적을 효과적으로 달성하기 위하여 필요한 장비와 시설을 제공한다는 것을 보장해야 한다.
⑧ VTS 당국이 요구하는 업무를 이행할 수 있는 적절한 자격을 갖추고 적합한 훈련을 받은 요원으로 충분하게 전문화되었다는 것을 보장해야 한다.
⑨ VTS 당국과 연관된 IMO 결의서에 따라 VTS를 운영토록 지시하여야 한다.

3.2 해상교통관제의 주요 업무

3.2.1 해상교통관제의 업무

(1) 정보의 수집기능

① Radar, AIS, VHF, CCTV, 기상 및 조석, 방향탐지기 등의 장비를 이용한 통항선박과 항로에 관한 정보
② 입출항, 이 · 접안, 도선, 정박지, 공사계획 등 항만운영에 관한 정보
③ 관련기관 및 단체와 국제적으로 획득하는 정보

(2) 정보의 평가 및 분석기능

① 항로의 장애요인(어로, 부유물 등) 및 선박의 운항상태 파악
② 질서유지(국내 관련법 및 규정 등 법령)준수 여부
③ 환경적인 요소(조석, 유속, 교차, 교량, 표지 등)변화와 흐름파악
④ 기상요소(시정, 풍랑, 태풍 등)의 변화와 예상분석
⑤ 목적별 통계자료와 분석현황 대책관리에 따른 미래전망과 해상교통상황의 유추해석과 계획설정

(3) 정보 서비스 기능

정보는 시간 · 장소에 알맞게 제공되어야 하며, 선박에서 요구되거나 관제센터에

서 필요하다고 인정하는 시간에 VHF, AIS, SMS, 유선 등에 의해 교통 및 수로상황, 기상정보, 위험정보, 항만운영정보, 기타 선박통항에 영향을 주는 요인들에 대해 제공되는 서비스이다.

① 고정된 시간에 방송되는 정보

② VTS에서 필요하고 인정할 때

③ 본선의 요청이 있는 경우

(4) 항행지원 서비스

항행환경이나 기상환경이 나쁠 경우 또는 선박에 결함이 있는 경우, 통상 선박의 요청에 따라 또는 VTS가 필요하다고 인정할 때 제공되는 서비스이다.

① 관제권 내외에 진출입한 경우 관제 채널로 보고

② 관제권 밖 통과선박이 정보가 필요한 경우 해당 관제센터 채널로 요청

③ 항로이탈, 반대방향 운항, 무단횡단 선박에 대한 조언 및 경고와 질서유지

④ 특보가 예상되는 경우 해당 선박에 대한 운항자제 요청

⑤ 기관 및 조타기 고장 시 긴급투묘지 선정 및 예선지원

⑥ 환자 및 화재발생 등 각종 사고 구호 및 소방선의 긴급조치

⑦ 복잡한 해역의 통항정리 및 위험물 운반선의 통항순위 결정

(5) 통항관리 서비스

VTS 구역 내 선박통항량이 집중되거나 통상적인 교통흐름의 효율적인 이동계획 등과 다른 선박의 교통에 영향을 미치는 특수한 상황에서 혼잡이나 위험한 상황을 예방하기 위하여 교통을 관리하고 미래 통항을 예측하는 서비스이다.

① 관제승인 시스템

② 항행계획

③ 이동의 순서 및 변경

④ 투묘위치지정 및 변경과 공간의 배정

⑤ 의무보고

⑥ 따라야 하는 항로, 특정해역관리

⑦ 속력제한

⑧ ISPS Code 해상보안

(6) 항만 연관 업무지원

① 도선 및 항만 서비스와 같은 VTS 당국의 조치들과 관련된 활동지원

② 해상통제와 안전, 오염방지, 수색구조 및 긴급업무참여 및 지원

③ 예인선 및 역무제공선박의 지원

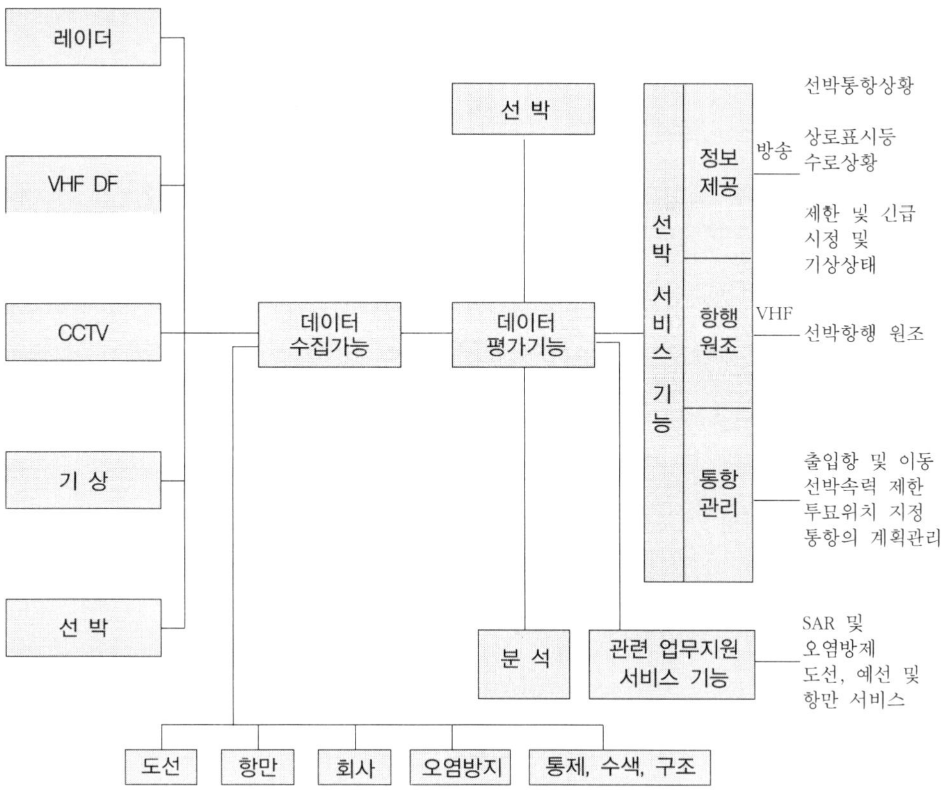

[그림 3-3] VTS의 기능

(7) 국내법에 의한 업무(해사안전법 시행령 제12조)

① 선박의 좌초·충돌 등의 위험이 있는지를 관찰하여 해양사고예방과 관련한 정보의 제공

② 혼잡한 교통상황을 예방하여 항만운영의 효율성을 높이기 위한 정보의 제공

③ 선박교통안전을 위한 조언·권고 또는 지시

3.2.2 해상교통관제의 역할

(1) 해상교통관제의 광의·협의 의미를 통한 VTS 역할

VTS 광의 의미는 기존의 등대, 부표 등의 VTS의 일종이라 할 수 있을 정도로 항해원조시설에 속한다. 그리고 협의 의미는 레이더에 의한 통항선박감시와 선박 통항의 조정 등을 의미한다. 즉 통항선박에 대하여 항행상 위험정보나 주변 교통 상황에 대한 정보를 제공함으로써 통항상의 안전과 원활한 교통흐름을 달성하는 데 있다.

(2) 해상교통관제의 새로운 역할

① 우리나라의 경우 해상교통관제방식이라는 용어를 사용하고 있다.

② 정보교환체제를 향상시키려는 의지와 VTS를 통해 가공 처리되는 선박통항정보가 해상안전 분야에 있어서 기본 정보로 활용될 수 있을 뿐만 아니라, 해운산업은 물론 해양정책 전반에 무궁한 부가가치를 줄 수 있을 것으로 기대하고 있음을 알 수 있다.

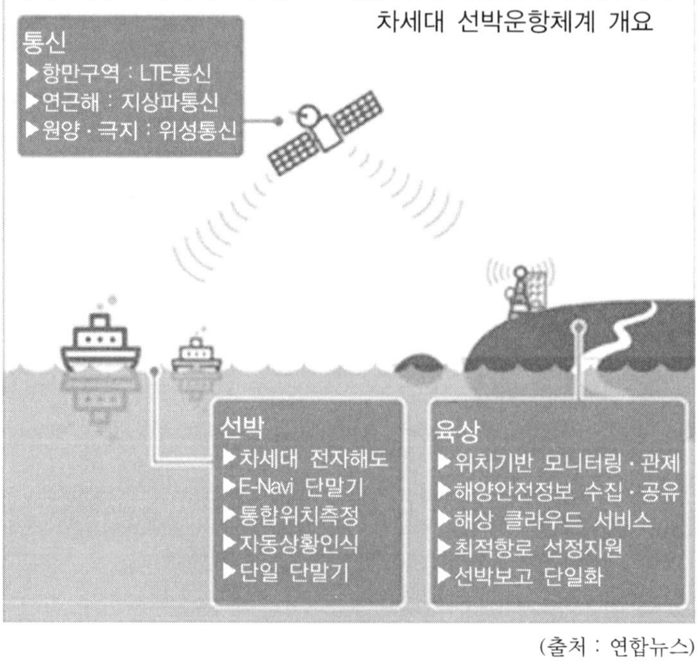

(출처 : 연합뉴스)

[그림 3-4] 차세대 VTS의 역할

③ 따라서 VTS는 선박통항의 안전과 효율의 증진 및 해양환경보호라는 본래의 목적 이외에도 VTS 기능에 대한 활용의지에 따라서는 얼마든지 확대할 수 있다.

④ 최근 e-Navigation의 육상지원국으로서 핵심 역할을 한다.

3.2.3 해상교통관제의 관제절차

(1) 4단계 해상교통관제의 관제절차

관찰확인(1단계) → 정보제공(2단계) → 조언 · 권고(3단계) → 지시(4단계)

(2) 해상교통관제의 권고 지시내용

① 관제구역에서 항행 선박이 입 · 출항 항로나 정박구역을 이탈할 우려가 있거나 위험구역으로 접근, 선박상호간 접근 또는 항법위반 등으로 위험이 예상될 경우에는 침로나 속력 등을 변경하도록 적극적으로 권고 또는 지시할 수 있다.

② 선박의 안전한 운항을 위한 선장의 권한을 침해할 수 없다.

(3) 해상교통관제의 적용 대상(해사안전법 시행령 제12조)

해상교통관제절차에 따라 관제구역 내를 항해하거나 이동하는 선박으로서 해상교통관제의 적용을 받는 대상 선박은 다음과 같다.

① 국제항해에 취항하는 선박(외국적선)

② 총톤수 300톤 이상의 선박(단, 내항어선은 제외한다)

③ 해상교통안전법 시행규칙 제2조의 규정에 정한 위험화물 운반선

④ 그 밖에 해양수산부장관이 정하여 고시하는 선박 등

3.3 해상교통관제 구성요소

3.3.1 해상교통관제 시스템

(1) 해상교통관제 시스템의 주요 구성요소

해상교통관제의 시스템 구성도는 [그림 3-5]와 같다.

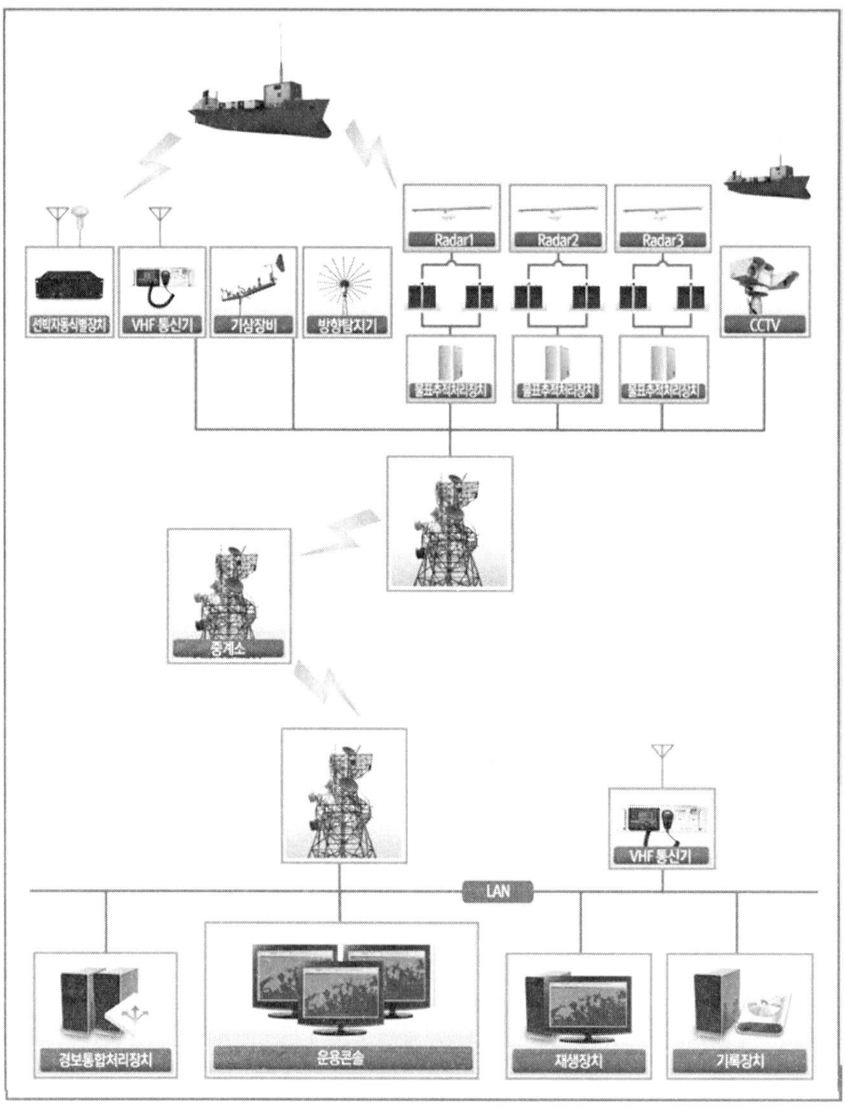

[그림 3-5] VTS 시스템 구성도

① 레이더 시스템
② 마이크로웨이브(M/W) 시스템
③ 초단파(VHF) 무선전화, 방향탐지기(VHF/DF) 시스템
④ 선박자동식별장치(AIS)
⑤ 기상장비 시스템
⑥ 페쇄회로 텔레비전(CCTV) 시스템
⑦ 다목적 컴퓨터, 감시콘솔, 추적 시스템 등

(2) 해상교통관제 시스템의 내용

1) X-밴드 레이더

[그림 3-6] 레이더 스캐너

① 전파를 이용하여 선박의 물표를 탐지하는 아날로그 방식의 장비로서 자동탐지 및 추적할 수 있는 ARPA 기능에 방위와 거리분해능까지 향상되어 소형선박과 접근되는 선박을 구분하며 주변선박의 속력 등을 탐지한다.
② 밤과 낮, 안개, 비, 눈 등의 날씨에 관계없이 이용 가능하며 표준화된 전자해도(Electronic Navigational Chart)에 디스플레이(display) 기능을 통하여 모니터링(Monitoring)을 함으로써 항행안전에 상당한 기여를 하여 관제의 신뢰성을 높이고 있다.
③ 물표의 추적자료는 VTS 기록장치(컴퓨터 시스템)에 자동으로 저장 및 재생되어야 한다.

④ 근거리 해역 탐지목적의 소형 레이더의 경우도 있다.

2) 마이크로웨이브 시스템

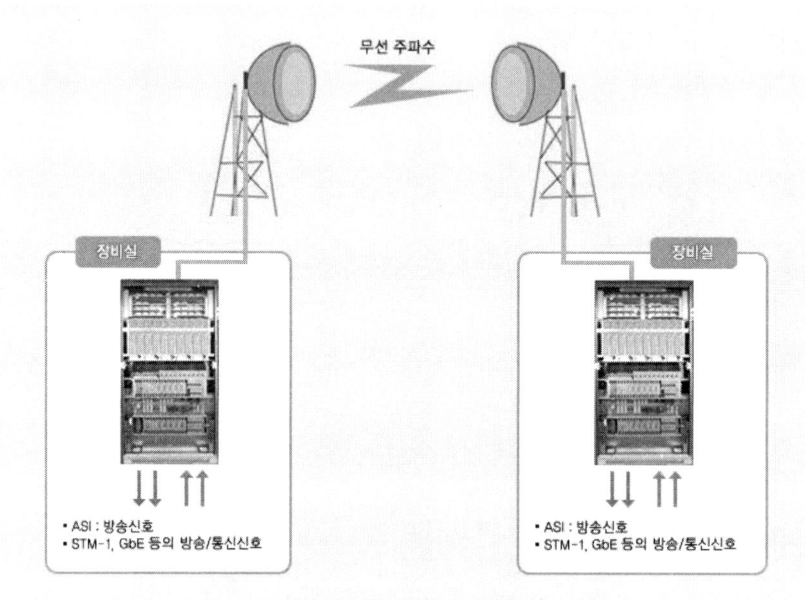

▸ 주요 고객 : KT, 방송국, 공공기관

[그림 3-7] M/W 송신체계도

① 원격지 Site의 레이더, 기상, 방향탐지, CCTV 영상 및 제어신호 등을 VTS 센터에 실시간 최대한 양호한 신호전송을 할 수 있도록 구성된 시스템으로 일정한 거리에 전파자료를 보내는 무선선로이다.

② 극초단파인 1mm~1m까지인 전자기파로서 진동수는 약 1~10,000GHz이며 파장이 짧고 직진, 반사, 굴절, 간섭의 성질이 있다.

3) 선박자동식별장치(AIS : Automatic Identification System)

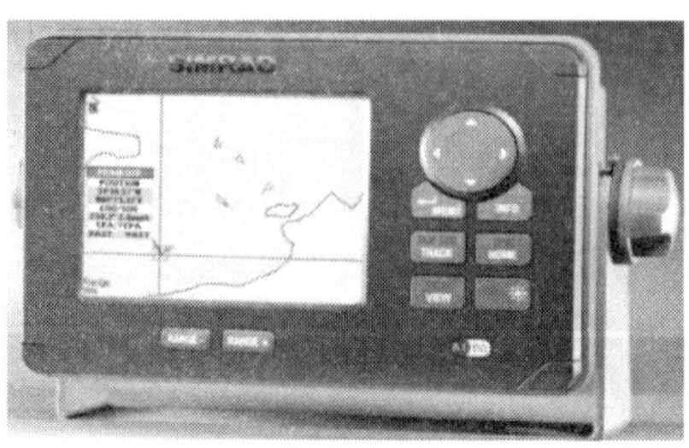

[그림 3-8] AIS

① VHF(Very High Frequency)를 이용한 디지털 신호를 이용한 데이터 통신으로 선박과 선박, 선박과 관제센터 간 통항에 필요한 정보를 주고받아 상호 자동으로 식별하여 정확성과 신뢰성을 확보할 수 있는 장비로서 SOLAS(국제해상인명안전협약) 규정에 다음 선박은 탑재가 강제화되었다.

② 제어모드와 자율모드에서 정상 동작하여야 하며 1분에 2,000개 이상의 선박 정보를 송수신 처리하여야 한다.

③ 자율모드하에서 정보갱신비율

㉠ 고정(static)정보 : 매 6분마다 그리고 요구될 때

㉡ 유동(dynamic)정보 : 속력과 침로변화에 따름

㉢ 항해 관련 : 매 6분마다 데이터가 수정되거나 요청될 때

㉣ 안전에 관련된 짧은 메시지 : 요구될 때

〈표 3-1〉 정보 갱신간격

선박의 상황	보고간격
정박 중인 선박	3분
속력이 0~14kts인 선박	12초
속력이 0~14kts이고 변침 중인선박	4초
속력이 13~23kts인 선박	6초
속력이 14~23kts이고 변침 중인 선박	2초
속력이 23kts 이상인 선박	3초
속력이 23kts 이상이고 변침 중인 선박	2초

④ SOLAS의 AIS 선박 탑재기준

㉠ 총톤수 300톤 이상 국제항해에 종사하는 선박

㉡ 총톤수 500톤 이상의 국내항해에 종사하는 선박

⑤ 선박자동식별장치의 장점

㉠ 레이더 사용 시 장애물에 의해 발생하는 음영구역, Target Lost, Swap 현상 등에 의해 문제해결

㉡ 탐지범위 : 30~50마일까지 가능

㉢ 선박의 동적 및 정적 정보까지 구현

㉣ 양방향의 메시지 통신도 가능

㉤ 관제의 효율증진과 신속 정확한 수색구조지원

㉥ 관제권의 확대

4) VHF(초단파) 무선전화기

[그림 3-9] VHF

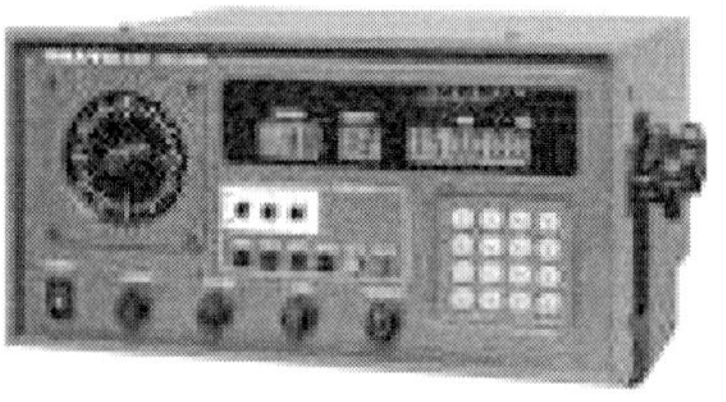

[그림 3-10] VHF-DF

① 선박국과 교신을 하기 위한 무선통신기로서 운영 시 콘솔에 완벽하게 통합설치되어 있으며, VTS 센터에서 원격제어가 가능하여야 한다.

② 전자기 스펙트럼으로서 파장이 1~10m로 주파수가 30~300MHz인 전파로서 해상에서는 156MHz를 사용하고 있으며, 주파수대별 채널로 구분되어 있고 가시거리 통신으로 음량의 질이 좋다.

③ VTS 센터의 운용자가 무선통신기로 선박과 교신 시 선박의 위치를 탐지하기 위한 장비로서 방향표시선이 운영콘솔 모니터 화면에 표시되며 VTS 시스템과 연동되는 VHF / DF 시스템도 설치되어 있다.

5) 폐쇄회로(CCTV)

[그림 3-11] CCTV

① VTS의 보조장비로서 해역 및 부두상황을 영상을 통하여 실시간 정보를 수집하거나 확인할 수 있으며, 레이더 음영 및 취약구역을 보완하여 주변상황을

관찰하는 데 도움이 되는 장치이다.

② CCTV 카메라, 모니터, 팬/틸트, 하우징, 녹화기, 기타 부대시설 등으로 구성되어 근거리 구역을 감시하기 위한 장비로서 VTS 시스템과 연계 시는 완벽하게 통합되어 운영이 되어야 하고, 운영요원이 설정한 물표를 수동 및 자동으로 탐지하여 모니터에 전시되어야 하며 운영요원이 필요에 따라 카메라를 원격제어할 수 있다.

6) 기상장비 시스템

① 각종 센서를 통하여 기상상태를 파악하는 장비로서 모든 자료는 데이터 프로세서로 종합하여 VTS 센터의 모니터 화면에 실시간 전시되어 운용자가 용이하게 사용할 수 있는 시스템이다.

② 풍향 센서, 풍속 센서, 기압 센서, 기온 센서, 습도 센서, 시계 센서로 이루어진다.

7) 다목적 컴퓨터, 감시콘솔, 추적 시스템 등

① 다목적 컴퓨터/콘솔 : 처리된 자료의 기록, 저장 및 실시간 재생과 편집기능(해안선, 부표, 경보, 수로 등과 같은 지도상의 수정), Radar Parameter의 구성, 심볼의 결정 및 경보기능을 보유한 장비로서 컴퓨터나 센서 시스템과 상호 연동이 가능한 장비이다.

② 감시콘솔/컴퓨터 : 운영자가 선박추적정보를 판독하고 레이더 및 각종 장비를 제어할 수 있는 장비로서 레이더에서 수집된 자료를 실시간으로 처리하여 콘솔상에 전시할 수 있어야 하며, 레이더 시스템, 방향탐지기, CCTV 시스템의 원격조정 및 통합운용이 가능한 장비이다.

③ 추적 시스템

㉠ 추적 시스템 : 레이더로부터 수집된 선박추적신호를 실시간 통합처리하는 시스템으로서 선박식별, 위치추적, 침로, 참조점으로부터의 거리 및 방위, 참조점까지의 ETA, CPA, TCPA 등을 콘솔상에 전시할 수 있어야 하며, 추적 시스템에서 생산된 자료는 Data Base에 직접 연결된 장치

㉡ 보유기능

- 참조점 선택, 참조점과의 거리산정, 화면의 중심점 선택기능

- 자료기록 및 재생기능과 모니터 선택기능
- 경고, 사전경고, 경고식별기능
- 선박식별확인, 속도 / 침로, 위치확인, 참조점 선택, ETA, CPA, CPA, 물표지정, 물표경고
- 물표의 추적시작 및 중지
- 항해수로, 묘박지, 해안선, 위험지역, 지도 등의 편집기능

④ 국부통신망 시스템 : 레이더, M/W, 운영자 콘솔 등의 VTS 시스템의 모든 장비를 통합 운영하기 위한 시스템으로서 수집된 자료와 정보의 실시간 처리 및 공유와 각종 장비의 원격제어를 가능하게 한 LAN 시스템이다.

⑤ VTS 시스템 소프트웨어

㉠ VTS 시스템의 모든 하드웨어를 구동, 관리 및 제어하는 프로그램으로서 고수준의 언어를 사용하여야 하며, 운영체제는 VTS 시스템 운영에 적합한 실시간 운영시스템

㉡ 소프트웨어 기능 : 중앙컴퓨터 통합기능, 단위별 데이터 처리기능, VTS 관제 시스템, 데이터 적용 및 생성 기능, 시뮬레이션 기능

8) 자료 보존기간

① 근무일지 : 1년

② 해상교통관제일지 : 3년

③ 관제운영사항 녹음 및 녹화자료 : 2월(단, 특별히 필요한 경우는 1년으로 하되 미결사항은 연장 가능함)

3.3.2 해상교통관제 운영요원

(1) 해상교통관제 운영요원의 업무 및 자격

1) VTS 운영요원 업무

① 각 항만에 설치된 해상교통관제 시스템으로 관제구역내 이동선박에 대하여 원활한 해상교통 질서유지 및 해상교통안전을 위하여 관찰확인 조언, 권고, 법질서를 위한 지시를 하거나 필요한 선박운항정보를 제공하여 항만운영효

율을 높이는 업무를 담당한다.

② 일정한 자격을 갖추고 해양수산부 공무원 채용시험에 합격하여 임용 후 해상교통관제 기본교육 과정을 이수하고 소정의 평가를 통과하여 해상교통관제사 자격을 취득하게 된다.

③ IALA VTS 운영요원의 교육훈련 자격증명에 관한 표준지침(IALA 권고 V-130, 93.03) 근거한 교육과정, 교육괴목 및 교육기긴 등을 표준으로 한다.

2) VTS 운영요원 채용자격

① 영어 TOEIC 등 공인영어시험 일정점수 이상

② 5급 이상의 항해사면허, 무선통신, 컴퓨터 관련 자격증 소지자

③ 해양수산부에서 실시하는 채용시험에 합격한 자

(2) 해상교통관제 운영요원의 교육내용

1) 기본교육

임용 후 A그룹(4급 항해사 이상과 무선통신면허를 소지한 사람 또는 1년 이상 관제업무경력이 있는 사람)과 B그룹(신규 채용자 또는 A그룹에 해당되지 않은 사람)으로 나뉘어 A그룹은 3주, B그룹은 10주간의 VTS 시뮬레이터와 이론교육 및 모의훈련 평가를 통해 자격증을 부여한다.

2) 현장적응교육

기본교육 이수 후 각 관제센터에 배치되어 선임관제사로부터 현장적응교육 6~8주 학습실습을 통해 관제사로서 역할을 담당한다.

3) 재교육

5년 주기의 재교육 실시(2주간)

4) OJT 교육

기본교육 이수 후 1년 이상 경력으로 1주의 교육이수자

3.4 우리나라 해상교통관제 구축현황

3.4.1 국내법에 의한 설치와 관리(해사안전법 제44조)

(1) 해상교통관제 시스템의 설치와 관리

① 해양수산부는 선박의 항행안전에 필요한 항로표지 · 신호 · 조명 · 선박관제에 관련된 시설 등 항행보조시설을 설치하고 관리 · 운영하여야 한다(해사안전법 제44조).

② 우리나라 해상교통관제를 시행하는 구역(해사안전법 시행령 제12조)

㉠ 교통안전특정해역

㉡ 교통안전특정해역 외의 연안해역 중 선박교통량이 많아 관제가 필요한 해역으로서 해양경비안전본부장이 정하여 관보에 고시하는 해역

3.4.2 우리나라 해상교통관제 운영현황

(1) 해상교통관제의 도입 및 현황

① 1993년 포항항을 시작으로 현재(2014년도)까지 부산, 인천, 경인항 등 전국 주요 15개 항만과 진도 및 여수, 통영의 연안해역 등 18개소에 설치운영 중이다.

② 2011년도에는 항만의 선박운항안전 위해요소 해소를 위한 마산 지세포항, 평택 당진항, 군산 비응항에 신규 레이더 등 VTS 시설을 확충했다.

③ 2013년도 5월에는 울산관제센터가, 2013년도 12월에는 제주신항에 제주관제센터가 새롭게 건립되었다.

④ VTS 설치현황 : 〈표 3-2〉, [그림 3-12]와 같이 우리나라 VTS 설치되어 운영되고 있으며 최근(2014년 4월)에는 VTS 관제구역을 확대하여 관제하고 있다.

⑤ 관제구역 : 우리나라 해상교통관제 관제구역은 [그림 3-13]~[그림 3-27]과 같다.

〈표 3-2〉 우리나라 VTS 설치현황

센터명(VTS)	호출명칭	해상교통관제업무용 채널	VTS 운영개시일
포항	항무포항(Pohang VTS)	VHF CH.12 VHF CH.16(확대구역*)	1993.01
여수	항무여수(Yeosu VTS)	VHF CH.12 VHF CH.67 VHF CH.16(확대구역)	1996.04
울산	항무울산(Ulsan VTS)	VHF CH.14 VHF CH.16(확대구역)	1996.09
마산	항무마산(Masan VTS) 항무옥포(Okpo VTS) 항무통영(Tongyoung VTS) 항무삼천포(Samcheonpo VTS)	VHF CH.14 VHF CH.67 VHF CH.06 VHF CH.06	1998.09
부산	항무부산(Busan VTS)	VHF CH.12(1섹터) VHF CH.09(2섹터) VHF CH.16(확대구역)	1998.11
인천	항무인천(Incheon VTS)	VHF CH.14(1섹터) VHF CH.68(2섹터, 3섹터) VHF CH.16(확대구역)	1998.11
평택	항무평택(Pyeongtaek VTS)	VHF CH.10 VHF CH.16(확대구역)	1998.11
대산	항무대산(Daesan VTS) 항무보령(Boryeong VTS) 장안 VTS(Jangsan VTS)	VHF CH.12 VHF CH.67 VHF CH.67	1998.11
동해	항무동해(Donghae VTS) 항무속초(Sokcho VTS)	VHF CH.12 VHF CH.14	1999.12
제주	항무제주(Jeju VTS)	VHF CH.12	1999.12
군산	항무군산(Gunsan VTS)	VHF CH.12	1999.12
목포	항무목포(Mokpo VTS)	VHF CH.14	1999.12
완도	항무완도(Wando VTS)	VHF CH.10	2004.12
부산신항	항무신항(Busan New Port VTS)	VHF CH.10 VHF CH.16(확대구역)	2005.12
진도연안	진도 VTS(Jindo VTS)	VHF CH.67	2006.07
경인	항무경인(Gyeongin VTS)	VHF CH.09	2011.11
여수연안	전남서부 VTS	VHF CH.71(1섹터) VHF CH.69(2섹터)	2012.11
통영연안	통영 VTS		2014.07

* VTS 확대구역에 대하여는 2014년 4월 1일부로 확대 서비스함

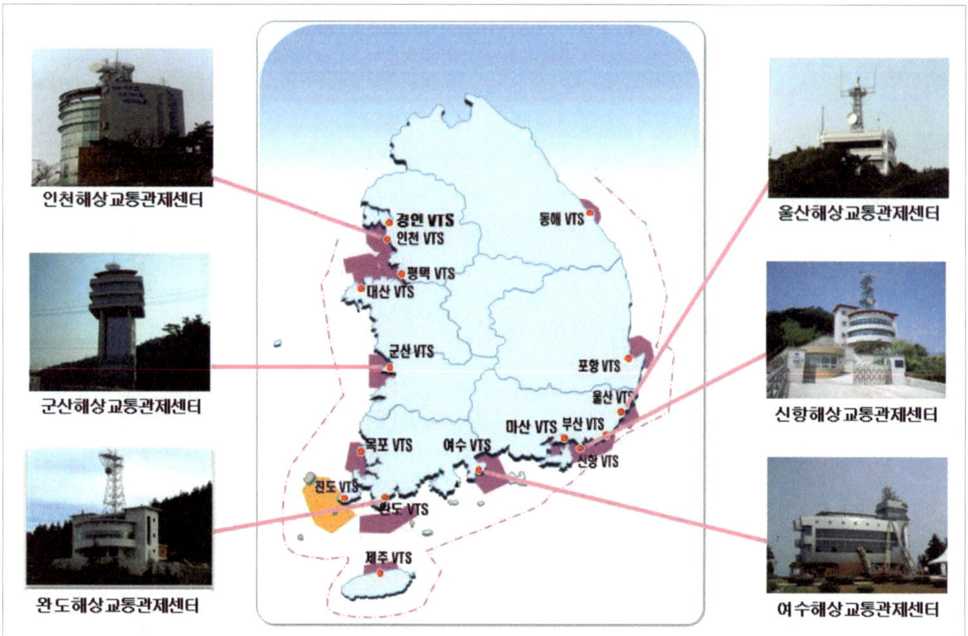

[그림 3-12] 우리나라 해상교통관제센터 설치현황도

[그림 3-13] 부산신항 관제구역도

[그림 3-14] 인천항 관제구역도

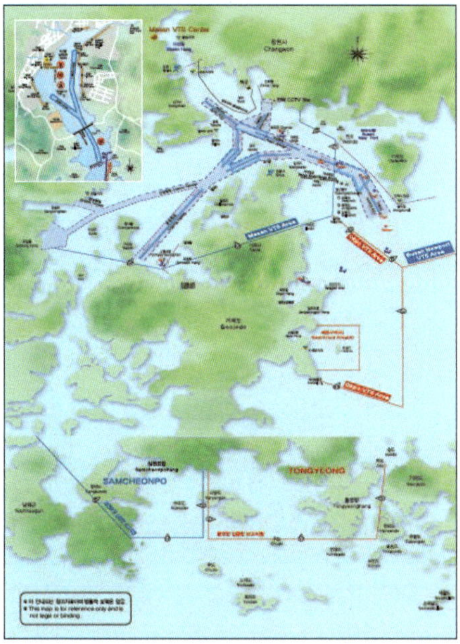

[그림 3-15] 마산항 관제구역도

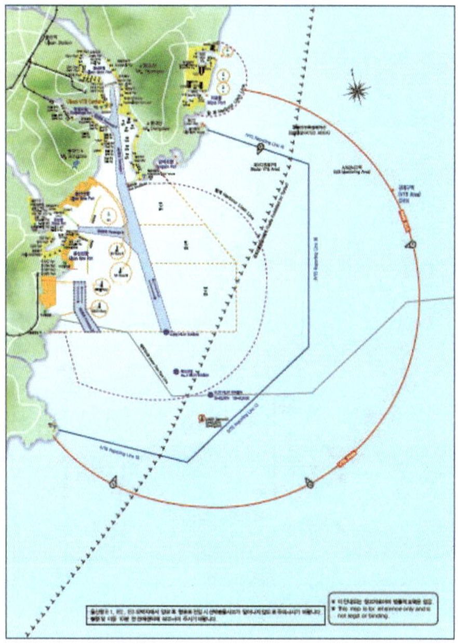

[그림 3-16] 울산항 관제구역도

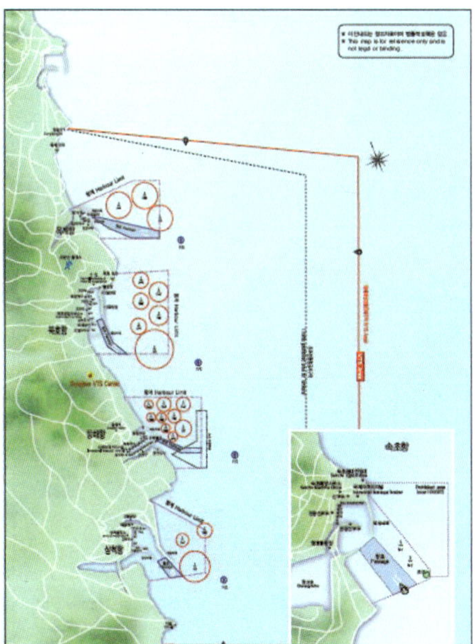

[그림 3-17] 동해항 관제구역도

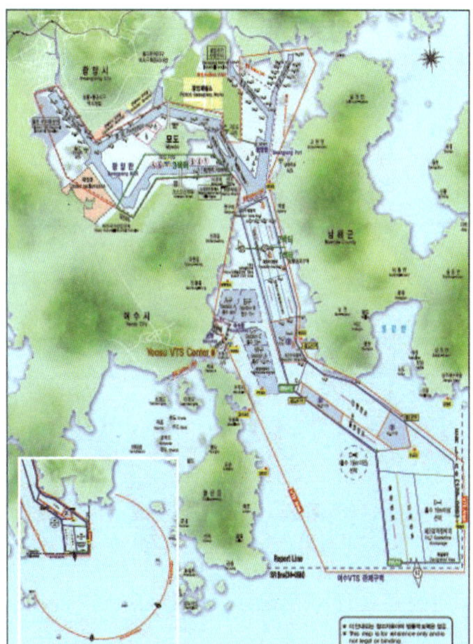

[그림 3-18] 여수 광양항 관제구역도

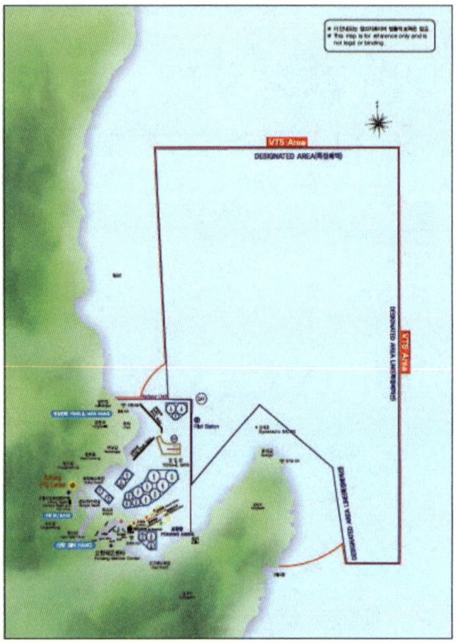

[그림 3-19] 포항항 관제구역도

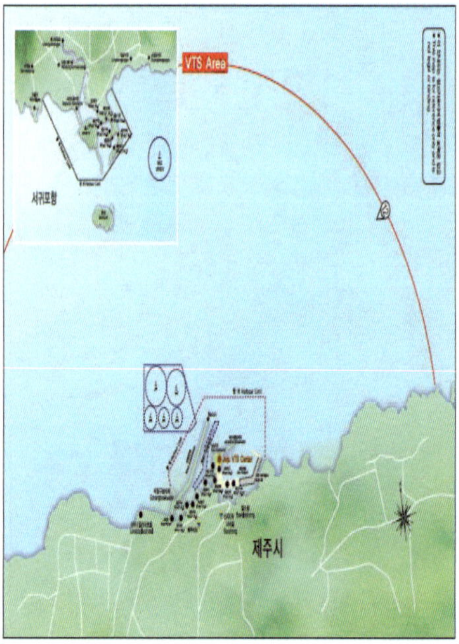

[그림 3-20] 제주항 관제구역도

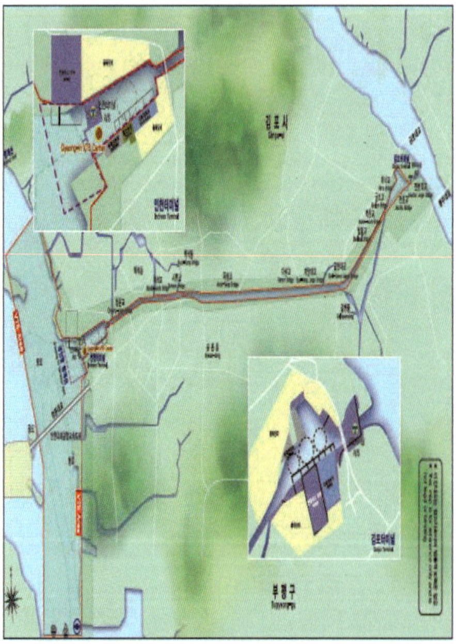

[그림 3-21] 경인항 관제구역도

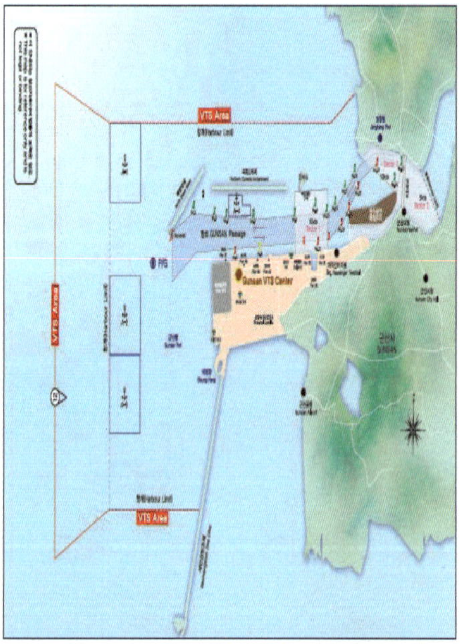

[그림 3-22] 군산항 관제구역도

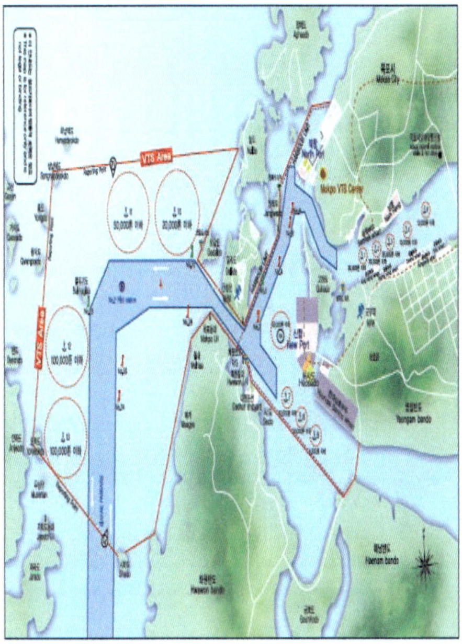

[그림 3-23] 목포항 관제구역도

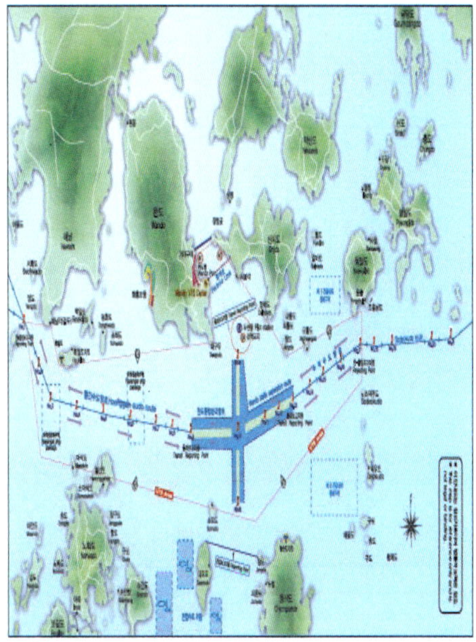

[그림 3-24] 완도항 관제구역도

[그림 3-25] 평택항 관제구역도

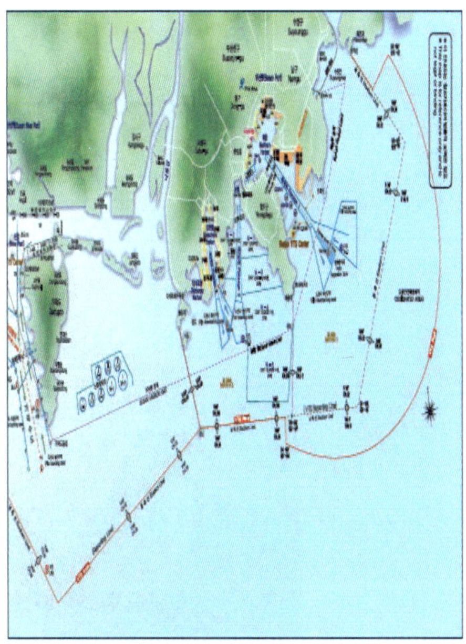

[그림 3-26] 부산항 관제구역도

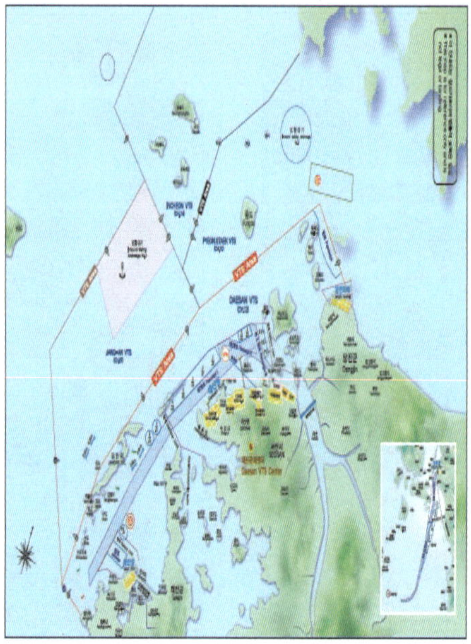

[그림 3-27] 대산항 관제구역도

[그림 3-28] 2014년부터 시행된 VTS 항만구역확대

(2) VTS 근무형태

① 연중 무휴 24시간 근무한다.
② 3조 2교대 근무(주간-야간-비번의 형태) / 1팀은 1일 3조 3교대로 운영 중이다.
③ 근무교대시간은 09 : 00, 18 : 00이지만 관제센터별로 다소 상이하다.

3.4.3 해상교통관제 법적 책임

(1) 해상교통관제의 현황

① 유엔해양법협약(UNCLOS ART) 및 국제해상인면협약 제5장에 의한 국제법적 근거 및 해사안전법 등에 의한 국내법적 근거에 의하여 VTS 설치 및 운영한다.
② 1995년 포항항부터 시작하여 현재 전국 15개 항만 부근 전해역 감시 및 정보 제공 가능한 VTS를 설치 운영한다.
③ 적정한 VTS 정보제공(정보 미제공 및 잘못된 정보 제공 등 제외)임에도 불구하고 사고로 이어질 경우 관제사 책임한계에 대한 애매성이 존재한다.
④ 우리나라 VTS로 인한 선박소유자에게 손해가 발생하였을 경우 VTS 근거가 되는 손해배상에 대한 규정이 없다.*
⑤ VTS 관제사 법적 책임에 대한 외국 사례를 통한 우리나라 VTS 관제사 법적 책임한계의 정립이 필요하다.

(2) 해상교통관제의 법적 책임에 대한 외국 사례

1) 미 국

① 국가가 관제요원의 불법행위로 인한 책임을 부담하고 있다.
② VTS의 정보제공의 미스로 인한 해양사고발생 시 손해배상 부담하지만 그 책임한계 및 배상책임액 비율산정은 법원에서 결정하고 있다.**
③ 미국 Coast Guard 조직도

* 이상일, 해상교통관제제도의 법적지위와 국가책임에 관한 연구, 부경대학교 석사학위논문 발표자료, 2009
** 임을빈, 선박교통관제제도란 무엇인가, 한국해사문제연구소, 해양한국, 1996, p.244

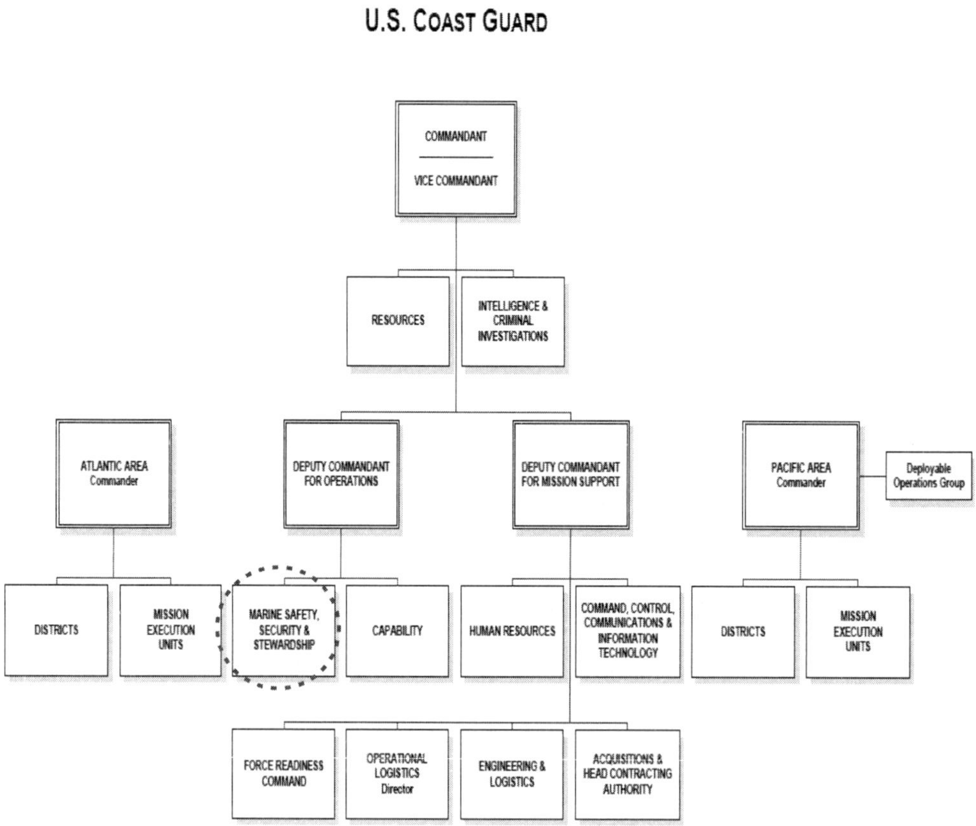

[그림 3-29] US Coast Guard 조직도

2) 캐나다

① 국가가 VTS 운영자를 대신하여 관제요원의 책임있는 행동에 대해 책임과 의무를 다하고 있다.

② 판례*를 살펴보면 항행 보조표지(광범위한 VTS에 해당할 것으로 사료됨) 국가의 책임을 묻고 있다.

③ [그림 3-30]은 캐나다 Department of Fisheries and Oceans Canada(DFO) 조직도**이다.

---

* 1971, SCR(Supreme Court of Canada Report), 849 : R v. Nord-Deutsche Versicherungs-Gesellschaft 사건에서 법원은 St. Peter 호수에서 두 선박의 충돌 책임의 대부분은 국가에 있다고 판시하면서, 국가는 항해사가 신뢰하면서 항해할 수 있도록 등화의 특정범위를 관리하고 유지할 의무가 있다고 하였다. 1970, SCR, 237 : R v. Hendricks 사건에서 법원은 폭포가 있다는 것을 경고해 주는 표지를 교체해야 할 책임은 국가에게 있으므로 그에 대한 손해배상책임을 부담하도록 하였다.

** As a Special Operating Agency of the Department of Fisheries and Oceans Canada(DFO), the

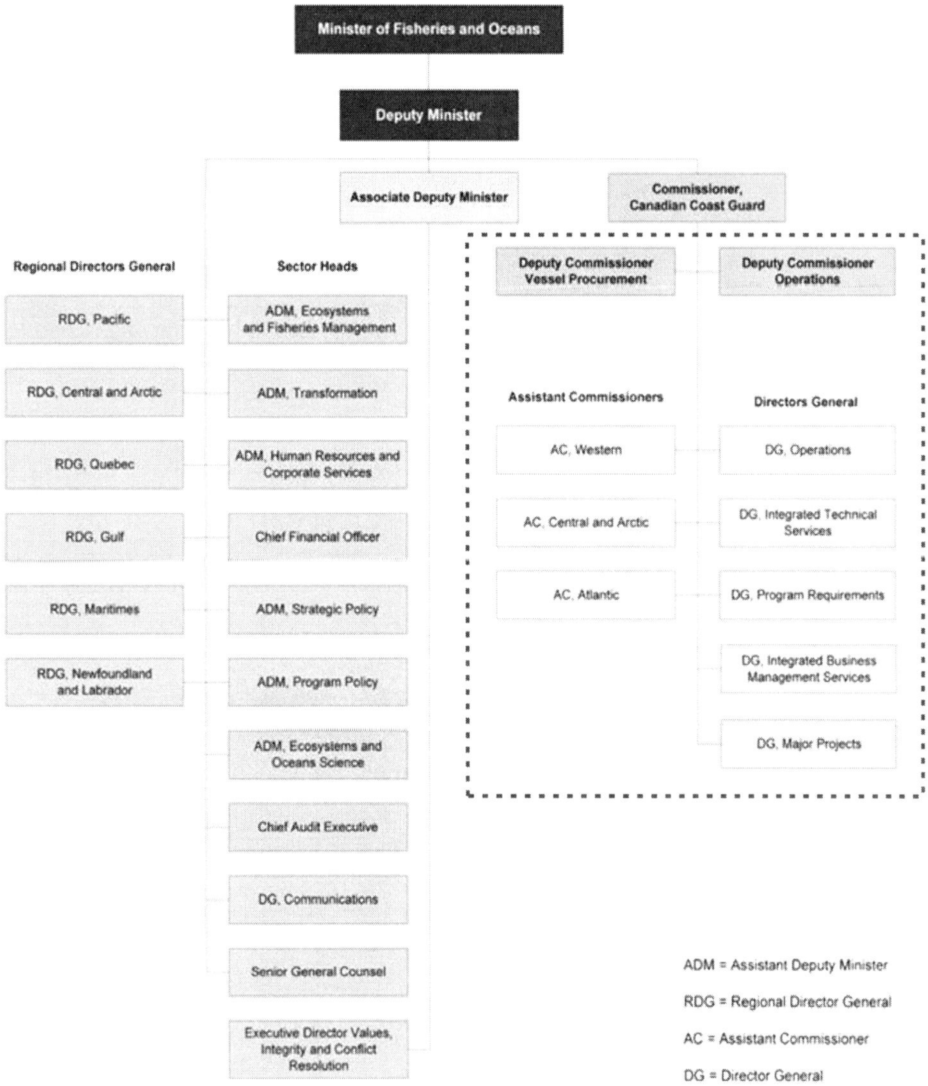

[그림 3-30] 캐나다 Department of Fisheries and Oceans Canada(DFO) 조직도

3) 일 본

① 2009년 10월 일본 간몬해협에서 남성해운 카리나스타호와 일본군함과 조우 상황 시 관제관의 지시에 의해 추월하다 충돌한 상황이 있으나, 이에 대한 관제실의 책임이였다는 결론은 찾아보기 힘들다.

Canadian Coast Guard helps DFO meet its responsibility to ensure safe and accessible waterways for Canadians. The CCG also plays a key role in ensuring the sustainable use and development of Canada's oceans and waterways.

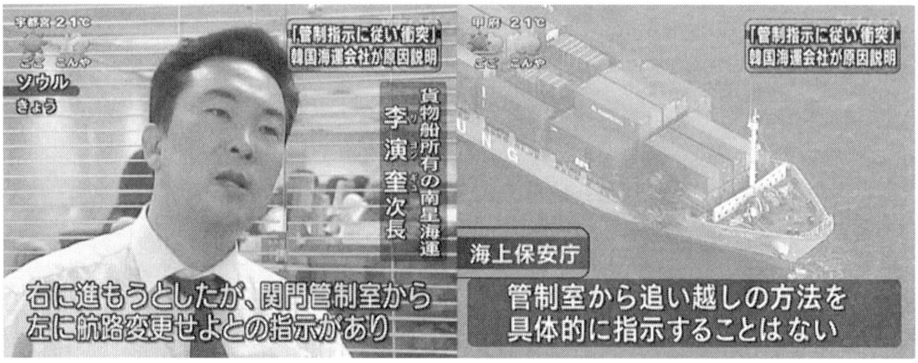

[그림 3-31] 관제실 지시에 따라 행동한 선박의 사고에 관한 인터뷰

② 1946년 헌법에서 공행정작용으로 인한 손해에 대한 국가책임에 관한 규정을 두었고, 이에 근거하여 1947년 국가배상법이 제정되었다.

③ 해상보안청 조직도 : VTS는 해상보안청 교통부 안전과 소속이다.

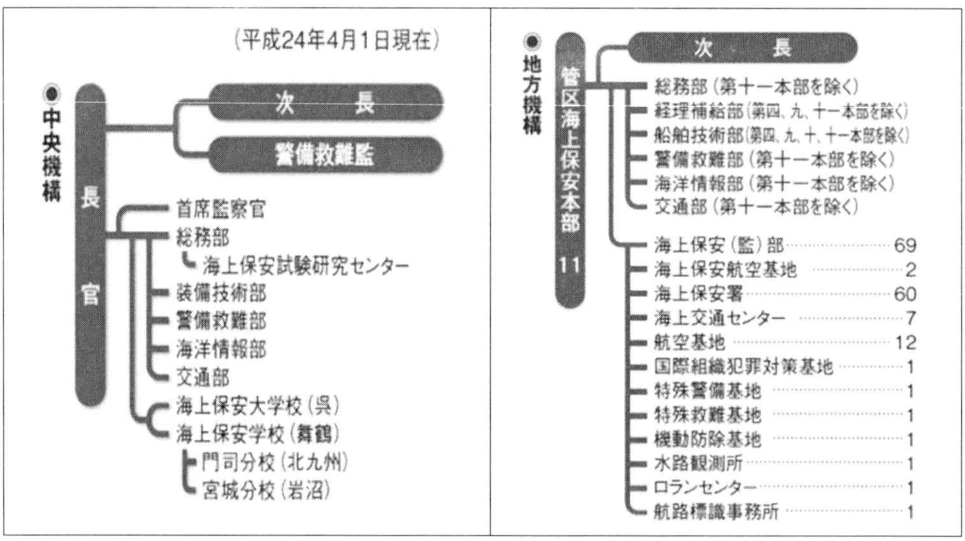

[그림 3-32] 일본 해상보안청 조직도

4) 남아프리카 공화국

① 케이프타운에서 발생한 선박충돌 사고에 대한 판례*에서 사고선박 당사자는

---

* Russell MacWilliam and Darryl Cooke, VTS : lifting the fog of legal liability, LLOYD'S MARITIME AND COMMERCIAL LAW QUATERLY, p362-389 : '남아프리카공화국 케이프타운 선박통항분리제도(TSS) 내에서의 발생한 선박충돌사건으로 A선박은 TSS제도 시행을 모른 상태로 항로를 역행하면서

VTS 관제요원이 두 선박에게 적절한 정보제공, 권고 및 지침을 제공하지 못한 책임을 물어 항만당국을 상대로 손해배상책임 소송을 제기한다.

② 이에 법원은 과실별 비율산정 시 항만당국에 20% 배상책임을 부과하였다.

(3) 해상교통관제의 법적 책임에 대한 고찰*

① 개항질서법 제28조와 해상교통안전법 제57조에는 해상교통관제를 시행하는 법적근거만이 있을 뿐 국가배상 관련한 법규정은 발견할 수 없다.

② 해상교통관제의 경우 관제요원의 불법행위로 인하여 충돌이 발생하거나, 연안국 주위에 해양오염을 발생시켰을 경우 선박소유자에게 발생하는 손해는 천문학적이다.

③ 비록 임의적 동의를 바탕으로 하는 행정지도라 할지라도 손해배상에 관한 구체적인 법적근거가 필요하다.

3.5 해상교통관제센터와의 교신영어**

통항선박이 입항 시에 해상교통관제센터와의 교신이 이루어지는 주요 절차를 살펴보면 [그림 3-33]과 같다.

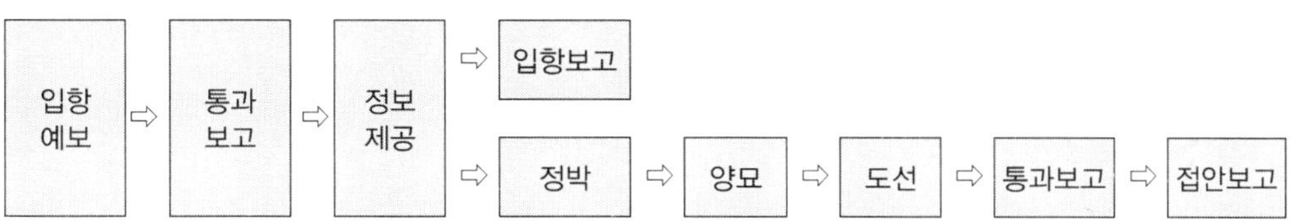

[그림 3-33] 해상교통관제센터와의 주요 교신절차

입항 중이었고, B선박은 케이프타운을 출항 중이었으나 VTS에서 입항 중인 선박에 대해 일체의 정보제공을 받지 못한 사건.

* 한국해양대학교 이상일교수(법학박사)의 석사학위 논문에 수록된 내용임

** www.vtskorea.info에서 발췌함

3.5.1 해상교통관제센터와 상호 교신영어

(1) 입항예보

A : Port Service, This is Korea. How do you read me? over

B : Korea, This is Port Service. I read you good. Change to CH.12. over.

A : Port Service, This is Korea. Change to CH.12. out.

B : Korea, This is Port Service. What is your ETA at Pilot station? over.

A : Port Service, My ETA at Pilot Station is 1000 hours local time. over.

B : Korea, What is your CALL SIGN? over.

A : Port Service, My Call Sign is DSEV9 over.

B : Korea, What was your last port of call. & gross tonnage? over.

A : Port service, My last port of call was Japan. & My gross tonnage is 15,789 tonnage. over.

B : Korea, Do you carry any dangerous goods? over.

A : Port service, I do not carry any dangerous goods, My cargo is steel products, over.

B : Korea, Your message understood. You must call when you passAlpha island on CH.12. over.

A : Port service, We call when we pass Alpha island on CH.12 over.

B : Korea, Stand by CH.16 & 12. out.

(2) 통과보고

A : Port Service,This is Korea. How do you read me? over.

B : Korea, This is Port Service. I read you excellent, over.

A : Port Service, We pass Alpha island on stbd side, distance 1.5miles, over

B : Korea, What is your present course & speed, over.

A : Port Service, My present course is 300degrees & speed 10knots. over.

B : Korea, I have located you on my radar & What is your full maneuvering speed? over.

A : Port service, My full maneuvering speed is 7knots. over.

B : Korea, Your pilotage is compulsory. You must anchor at pilot station. over.

A : Port service, What is my anchor position? over.

B : Korea, Your anchor position is 105 degrees, 3miles from Bravo lighthouse. over.

A : Port service, My anchor position is 105degrees, 3miles from Bravo lighthouse. Is that correct? over.

B : Korea, Thats correct.You must anchor clear of the fairway. over.

A : Port Service, I will anchor clear of the fairway, over.

B : Korea, You must call when you drop anchor at pilot station. over.

A : Port service, I will call when I drop anchor at pilot station on CH.12. over.

B : Korea, Stand by CH.16 & 12, over.

A : Port service, Stand by CH.16 & 12. out.

(3) 정보제공

A : M / V Korea, This is Port Service. How do you read me? over.

B : Port Service, This is M / V Korea. I read you good. over.

A : Korea, Many small fishing boats are in operation around zulu island. you must navigate with caution and proceed at slow speed. over.

B : Port Service, I will navigate with caution and proceed at slow speed, over.

A : M / V Korea, This is Port Service. How do you read me? over.

B : Port Service, This is Korea. I read you good, Go ahead your message, over.

A : Korea, Oil clearance operations near whisky light house. Wide berth requested. over.

B : Port Service, I copied your message. I will keep clear of whisky light house. over.

A : Korea, stand by CH.16 & 12, over.

B : Stand by CH.16 & 12 out.

(4) 입항보고

A : Port Service, This is Korea. over.

B : Korea, This is Port Service. Go ahead. over.

A : Port service, I dropped anchor at pilot station, bearing 108degrees, distance 2.8miles from Bravo light house at 10hours local time. over.

B : Korea, We copied your message. stand by CH.12 for next instruction. over.

A : Port service, What are my berthing instructions? over.

B : Korea, Your orders are to get alongside at No.3 pier 1500hours local time. over.

A : Port Service, I copied Your message & I will wait until the pilot arrives. over.

B : Korea, Stand by CH.16 & 12. over.

A : Stand by CH.16 & 12. out.

(5) 정박(Anchoring)

A : M / V Korea, This is Port Service. How do you read me? over

B : Port Service, I read you excellent. over.

A : Korea, According to our radar, Your anchor is dragging. Check your anchoring position, over.

B : Port Service, I checked anchoring position, and My anchor is dragging. over.

A : Korea, You must heave up anchor & anchor in a different position. over.

B : Port Service, I will heave up anchor. what is the anchor position for me? over.

A : Korea, Your anchor position is 220degrees, 1.3miles from Bravo light house. over.

B : Port Service, I will anchor at that position. over.

A : Korea, Stand by CH.16 & 12. over.

B : Stand by CH.16 & 12 out.

(6) 양묘(Heaving up Anchor)

A : Port Service, This is Korea on CH.12. over.

B : Korea, This is Port Service, Go ahead your message. over.

A : Port Service, I am heaving up anchor at 1500hours local time. May I proceed to pilot boarding ground by myself? over.

B : Korea, You may not proceed to boarding ground. Pilot coming to you & will get on board your ship at your present position. over.

A : Port Service, I will stay present position. Which side will the pilot on board? over.

B : Korea, You must rig pilot ladder on stbd side 2meters above the water. over.

A : Port Service, I will rig pilot ladder on stbd side 2meters above the water. over.

B : Korea, Change to CH.13 for calling pilot. over.

A : Change to CH.13 out.

(7) 도선(Pilotage)

A : Port Service, This is M / V Korea CH.12. over.

B : Korea, This is Port Service, Go ahead your message. over.

A : Port Service, Pilot on board at 1530hours local time. & Proceeding to fairway. over.

B : Korea, Your message understood. There is a large vessel leaving fairway. You must keep clear of the vessel & approach fairway at slow speed. over.

A : Port Service, I will keep clear of the vessel & approach fairway at slow speed, over.

B : Korea, You must navigate along east side of the fair way & report at next reporting point. over.

A : Port Service, I will navigate along east side of the fairway & report at next reporting point. out.

B : M / V Korea, This is Port Service CH.12, over.

A : Port Service, This is Korea. Go ahead, over.

B : Korea, The vessel following you will overtake you on your port side & Advise you keep your present course & speed. over.

A : port Service. Your message understood. I will keep my course & speed. out.

(8) 통과보고(Passage Report)

A : Port Service, This is M / V Korea CH.12, over.

B : Korea, This is Port Service. Go ahead, over.

A : Port Service, I am passing reporting point Charlie at 1530hours local time, over.

B : We copied your message. You must call when you berth at No.3 pier. over.

A : Port Service, I will call when I berth at No.3 pier. out.

B : M / V Korea, This is Port Service. How do you read me, over?

A : Port Service, I read you loud and clear, over.

B : Korea, Unknown vessel not complying with traffic regulations in position 3miles ahead of you. Navigate with caution. over.

A : Port Service, Your message understood. And, I will navigate with caution, out.

(9) 접안보고

A : Port Service, This is M / V Korea on CH.12, over.

B : Korea, This is Port Service. Go ahead, over.

A : Port Service, I berthed at No.3 pier at 1600hours local time and the pilot left her at 1615hours local time. over.

B : Korea, Your message understood, You must contact on CH.12 before you leave the berth. over.

A : Port Service, prior to departure, I will contact you on CH.12. out.

(10) 출항예보

A : Port Service, This is M / V Korea CH.12. over.

B : M / V Korea, This is Port Service. Go ahead, over.

A : Port Service, My ETD is 2000hours local time, over.

B : Korea, What is your maximum deepest draft and destination? over.

A : Port Service, My maximum deepest draft is 8meters and my destination is Singapore. over.

B : Korea, Are you trimmed by the head or stern? over.

A : Port Service, I am trimmed 1.5meters by the stern, over.

B : Korea, Do you have any list? over.

A : Port Service, I have a list to port of one degree. over.

B : Korea, Is it safe to navigate? over.

A : Port Service, It is safe to navigate. over.

B : Korea, Your messages understood, Stand by CH.16 & 12. over.

A : Stand by CH.16 & 12. out.

(11) 출항보고

A : Port Service, This is M / V Korea. CH.12. over.

B : M / V Korea, This is Port Service. Go ahead. over.

A : Port Service, Pilot on board at 2100hours local time and we left the berth at 2120hours local time. over.

B : Korea, Are you on laden voyage or ballast voyage? over.

A : Port Service, I am on ballast voyage. over.

B : Korea, Your message understood. Stand by CH.16 & 12 until leaving the fairway. over.

A : Port Service, I will stand by CH.16 & 12. out.

(12) 정보제공-2

B : Attention! All vessels, This is Port Service. Navigational warning will follows on CH.12. All vessels change to CH.12. over.

Attention! All vessels, This is Port Service. Navigation in the fairway is now closed because of dense fog. visibility in the fairway decreased to less than 2cables. All vessels navigating in the fairway must go to emergency anchorage. All vessels keep CH.16 & 12 for further information. This is Port Service. out.

B : M / V Korea, This is Port Service CH.12. over.

A : Port Service, This is M / V Korea. Go ahead. over.

B : Korea, Navigation in the fairway is temporary prohibited owing to dense fog. So, You must anchor at emergency anchorage. over.

A : Port Service, Your message understood. I will drop anchor at emergency anchorage. over.

B : Korea, Thank you for your cooperation. And, Stand by CH.16 & 12 for further information. over.

A : Port Service, I will Stand by CH.16 & 12. out.

(13) 항해(Underway)

B : Korea, This is Port Service. CH.12. over.

A : Port Service, This is M / V Korea. Go ahead. over.

B : Korea, You are running into danger. Submerged wreck 2miles ahead of you. Advise you alter course to 190degrees. over.

A : Port Service, Your message understood. I will alter course to 190degrees. out.

B : M / V Korea, This is Port Service. CH.12 over.

A : Port Service, This is M / V Korea. Go ahead. over.

B : M / V Korea, Number 5 buoy with quick flashing green light of the fairway is unlit Navigate with special caution. over

A : Port Service, I copied your message. I navigate with special caution. out

(14) 침 몰

A : Port Service, This is M / V Korea. How do you read me? over.

B : Korea. This is Port Service. I read you fair. Go ahead. over.

A : Port Service, I am making water below water line in position 34degrees 55minutes north, 128degrees 10minutes east. over.

B : Korea, Can you stop making water? over.

A : Port Service, I cannot stop making water. over.

B : Korea, What is the position of making water? over.

A : Port Service, I am making water in No.2 Hold. over.

B : Korea, What quantity are you making water? over.

A : Port Service, I am making water 300tons per hour over

B : Korea, Is danger of oil pollution? over.

A : Port Service, No danger of oil pollution. over.

B : Korea, Can you proceed without any assistance? over.

A : Port Service, I cannot proceed without assistance. I require assistance. over.

B : Korea, What kind of assistance do you require? over.

A : Port Service, I require pumps and divers to repair demage. over.

B : Korea, We will send pumps and divers. Stand by CH.16 & 12. over.

A : Stand by CH.16 & 12. out.

(15) 충 돌

A : Port Service, This is M / V Korea. How do you read me? over.

B : M / V Korea, This is Port Service. I read you good. Go ahead. over.

A : Port Service, I have collided with fishing boat in position bearing 100degrees 3.5miles from Delta island. over.

B : Korea, Report the number of crews injured and places damaged. over.

A : Port Service, 5crews were injured and steering gear not under control. over.

B : Korea, Is danger of pollution? over.

A : Port Service, No danger of pollution. over.

B : Korea, What kind of assistance is required? over.

A : Port Service, I require tugs & medical assistance. over.

B : Korea, We will send tugs & medical service boat. Stand by CH.16 & 12. over.

A : Port Service, Stand by 16 & 12 out.

(16) 좌초 및 경사

A : Port Service, This is M / V Korea. How do you read me? over.

B : Korea, This is Port Service. I read you good. over.

A : Port Service, I am aground in position 080degrees, 1.3miles from Echo buoy & have heavy list to port side. over.

B : Korea, Is danger of capsizing? over.

A : Port Service, I am in danger of capsizing. & I have jettisoned cargo to stop listing. over.

B : Korea, Is danger of pollution? over.

A : Port Service, No danger of pollution. And I am carrying steel products. over.

B : Korea, Your message understood. Do you require any assistance? over.

A : Port Service, I need at least 2tugs to stop listing & I will drop anchor at present position to wait for the time of high tide. over.

B : Korea, We will send 2 tugs. And, You must call if you have any damages & pollution. over.

A : Port Service, I will call when I have any damages & pollution on CH.12 & 16. What is the tide doing? over.

B : Korea, The tide is rising. It is 2hours before high water. Stand by CH.16 &

12. over.

A : Port Service, Your message understood. Thank you for your information. Stand by CH.16 & 12. out.

(17) 화 재

A : Port Service, This is M / V Korea. How do you read me? over

B : M / V Korea, This is Port Service. Go ahead. over.

A : Port Service, I am on fire in engine room in position 32degrees 15minutes north, 128 degrees 24minutes east. over.

B : Korea, Is fire under control? over.

A : Port Service, Fire is not under control and danger of explosion. over.

B : Korea, What kind of assistance required? over.

A : Port Service, Korea requires fire fighting & medical assistance. over.

B : Korea, We will send fire fighting boat & medical service boat. And How many crew members were killed or injured? over.

A : Port Service, No crews were killed and 5 crews were injured. over.

B : Korea, Your message understood. You must stand by CH.16 & 12. over

A : Stand by CH.16 & 12. out

(18) 퇴 선

A : Port Service, This is M / V Korea. How do you read me? over.

B : M / V Korea, This is Port Service. Go ahead. over.

A : Port Service, Vessel is sinking after explosion and we must abandon vessel in 5minutes. over.

B : Korea, What is your present position? over.

A : Port Service, My present position is 050degrees, 13miles from Sierra island. over.

B : Korea, We will send search and rescue boat. So, You must keep CH.16. over.

A : Port Service, I will keep CH.16. out.

B : M / V Venus, This is Port Service. How do you read me? over.

C : Port Service, This is M / V Venus. I read you excellent. Go ahead. over.

B : Venus, The vessel 1.5miles ahead of you is sinking. Crews abandon vessel and are drifting on the life boat. So, You must take command of search and rescue. over.

C : Port Service, Your message understood. I will take command of search and rescue operation. over.

B : Venus, Thank you for your cooperation. Stand by CH.12. over.

C : Port Service, Stand by CH.12. out.

B : Attention! Attention! All vessels. This is Port Service. All vessels are advised to keep clear of Sierra island. Search and Rescue in operation in position 070degrees, 9miles from Sierra island. And There is a derelict adrift in position 120degrees, 5miles from Sierra island. All vessels navigating in the vicinity of the area must navigate with special caution. This is Port Service. out.

(19) 환자발생

A : Port Service, This is M / V Korea. How do you read me? over.

B : M / V Korea, This is Port Service. Go ahead. over.

A : Port Service, I have a patient on board. over

B : Korea, Is he in a serious condition or not? over.

A : Port Service, He is in a serious condition. over.

B : Korea, What is the disease of the patient? over.

A : Port Service, He has a trouble with his stomach. over.

B : Korea, We will send a medical service boat and a ambulance as soon as possible. You must report at once if something is happened to the patient. over.

A : Port Service, I copied your message. I will Stand by CH.16 and 12. over.

B : Stand by CH.16 and 12. out.

참고

What kind of disease is the patient suffering from?

What is the symptoms(conditions) of the patient?

Is the disease acute or chronic?

eye disease

foot soreness

heart disease

stomach cramps(gastrospasm)

lung disease

food poisoning

mental disease

heatstroke

heart attack

(20) 유류사고

A : Port Service, This is M / V Korea on CH.12. over.

B : M / V Korea, This is Port Service. Go ahead. over.

A : Port Service, I have detected seemingly oil slicks in position 130degrees, 3.5miles from C lighthouse. over.

B : Korea, What kind of oil do you think? over.

A : Port Service, To my judgment, It is heavy oil. over.

B : Korea, On what scale can the oil be measured? over.

A : Port Service, The oil is drifting on a large scale and expanding. over.

B : Korea, Can you check it exactly by length and width? over.

A : Port Service, The oil is about 400meters long, 20meters wide. over.

B : Korea, What direction is the oil running to? over.

A : Port Service, The oil is running upward with the tide. over.

B : Korea, Thank you for your reporting. We will take proper action. Stand by CH.12 and 16. over.

A : Stand by CH.16 and 12. out.

(21) 방 송

Securite, Securite, Securite All stations, All stations, All stations. This is Port service.

Weather information will be followed on CH.12. Change to CH.12. over.

All stations, This is Port Service. Latest typhoon warning issued at 1530 local time is as follows.

Position of typhoon Alla is Latitude 25degrees 15minutes North, Longitude 105 degrees 36minutes East, Atmospheric pressure 990hectopascals, path NNE, the speed of advance 25knots and wind 80knots.

Barometer is dropping. The wind is veering and to increase within 6hours in this area.

(22) 항해경보

Attention! Attention! All vessels, This is Port Service.

Navigational warning will be followed on CH.12. All vessels change to CH.12. over.

All vessels. This is Port Service. Navigational warnings are as follows.

One, A dangerous wreck reported in position 185degrees, 3miles from whisky light house. Wide berth requested.

Two, Visibility in this area is reduced to 5cables by rain. If the visibility is decreased to reach less 2cables, Navigation in the channel will be closed.

All vessels must comply with traffic regulation and keep a sharp look out.

Three, Gunnery excise will be conducted in area bounded by the following joining points. A light house, B light house, C light house and D light house from 1500hours August 8 to 2000hours August 10. All vessels must keep clear of the area during gunnery excise. This is Port Service. out.

(23) 조난통신

A : MAYDAY, MAYDAY, MAYDAY

This is TWO - ONE - ONE - TWO - THREE NINE EIGHT - ZERO

Motor Vessel KOREA Call Sign DELTA ALPHA MIKE KILO Position THREE FOUR DEGREES TWO FIVE MINUTES NORTH ONE TWO SEVEN DEGREES FOUR FIVE MINUTES EAST.

I am on FIRE after EXPLOSION in HOLD.

I require FIRE FIGHTING ASSISTANCE.

SMOKE NOT TOXIC OVER.

(24) 긴급통신

PAN - PAN PAN - PAN PAN - PAN

ALL STATIONS ALL STATIONS ALL STATIONS

This is TWO - ONE - ONE - TWO - THREE - NINE - SIX - EIGHT - ZERO

Motor Vessel KOREA Call Sign DELTA ALPHA MIKE KILO Position THREE FOUR DEGREES TWO FIVE MINUTES NORTH ONE TWO SEVEN DEGREES FOUR FIVE MINUTES EAST

I have PROBLEMS with MAIN ENGINE

I require TUG ASSISTANCE. OVER.

(25) 안전통신

SECURITE SECURITE SECURITE

ALL STATIONS ALL STATIONS ALL STATIONS

This is TWO - ONE - ONE - TWO - THREE - NINE - SIX - EIGHT - ZERO

Motor Vessel KOREA Call Sign DELTA ALPHA MIKE KILO

No.1 Buoy in the Fairway UNLIT OVER.

3.5.2 대외 통신용어의 예시

(1) Distress message(조난통신)

1) Fire, explosion(화재, 폭발)

① There is a vessel on fire in position 2miles east of lighthouse

등대 동쪽 2마일 위치에 불이 난 배가 있다.

② Where is the fire?

어디에 불이 났습니까?

* I am on fire in (engine room / cargo hold / accommodation)

(기관실 / 화물창 / 거주구역)

③ Is there any danger of explosion?

폭발의 위험이 있습니까?

* There is no danger of explosion.

④ Where was the explosion in your vessel?

배 어디에 폭발이 있습니까?

* The explosion was in (boiler room / engine room)

⑤ What is the damage?

어떤 손상입니까?

* There is (no damage / no power supply)

(손상없음 / 전원공급두절)

* I am not under command.

조종불능입니다.

* I am (making water / sinking)

(침수 중 / 침몰 중)

⑥ Is fire under control?

불은 진화 중입니까?

* Fire is (under control / spreading)

(진화 중 / 번지는 중)

⑦ What kind of assistance do you require?

어떤 종류의 도움을 원합니까?

* I require (extinguisher / fire pumps / fire fighting assistance)

(이산화탄소 소화기 / 소화펌프 / 소화작업 지원)

2) Flooding(침수)

① I have a leak below water line.

수면 하에서 물이 스며들고 있습니다.

② I am making water.

침수 중입니다.

③ What kind of assistance do you require?

* I require (pumps / drivers)

④ I have a dangerous list

배가 경사되어 위험합니다.

3) Collision(충돌)

① I have been in collision with M / V Panama.

파나마호와 충돌했습니다.

* I have been in collision with (unknown vessel / seamark / iceberg).

② Are you under command?

선박조종이 됩니까?

I am not under command.

조종이 안 됩니다.

* My (propeller / rudder) is damaged.

(추진기, 타)가 손상을 입었다.

* I can only proceed at slow speed.

저속으로만 나갈 수 있다.

4) Grounding(좌초)

① Are you aground?

좌초되었습니까?

* I am aground on (rocky / soft) bottom

(바위, 부드러운) 해저 바닥에 좌초되었다.

② I went aground at (high water / low water)

(고조, 저조) 때 좌초되었다.

③ Which part of your vessel is aground?

배의 어느 부분이 좌초되었습니까?

* I am aground (forward / midships / aft)

What kind of assistance do you require?

* I require (pumps / escort / tugs)

5) List danger of capsizing(선체경사, 전복의 위험)

① I have a heavy list to (port / starboard)

(좌현 / 우현 쪽으로 심하게 기울었다.)

② My list is (iincreasing / decreasing)

경사가 (심해진다. / 줄어든다.)

③ I am in danger of capsizing.

전복의 위험이 있다.

④ Can you jettison cargo to stop listing?

경사를 멈추기 위해 화물투하를 할 수 있습니까?

* I can jettison cargo to stop listing.

예, 경사를 멈추기 위해 화물투하를 할 수 있습니다.

* I have jettisoned cargo to stop listing.

화물투하를 했습니다.

6) Sinking and abandoning vessel(선박침몰과 퇴선)

① I am sinking after (grounding / collision / flooding / explosion)

(좌초 / 충돌 / 침수 / 폭발) 후 침몰 중입니다.

② I proceed to your assistance. - I expect to reach you within 2 hours.

당신을 도우러 갑니다. - 2시간 안에 도착하리라 생각합니다.

③ I must abandon vessel after (collision / grounding / flooding).

(2) Serch and rescue communication(수색 및 구조통신)

1) Distress / urgency message(조난 / 긴급통신문)

① What is your position?

당신의 위치는 어디입니까?

* My position is 10miles west from the island

섬 서방 10마일입니다.

② What is your present course and speed?

현재 침로와 속도는?

* My present course is 80degrees, my speed is 15knots.

침로 80도, 속도 15노트입니다.

③ How many persons are on board?

몇 명이 승선 중입니까?

* I have 25 persons on board.

25명이 승선 중입니다.

④ What is state of sea?

해상상태는 어떻습니까?

* (There are rough seas / There is high swell)

(거칩니다 / 파도가 높습니다.)

2) Performing BAR operations(수색과 구조작업의 수행)

① Can you proceed to distress position?

조난장소로 갈 수 있습니까?

* I can proceed to distress position.

② When will you arrive at distress position?

언제 조난장소에 도착합니까?

* I will arrive at distress position within 3hours.

3시간 안에 조난장소에 도착합니다.

③ Carry out radar search.

레이더 수색을 수행하라.

* The crew has abandoned vessel. - Keep sharp lookout for life rafts.

선원들이 탈선했습니다. - 구명뗏목을 주의깊게 찾으시오.

3) Requesting medical assistance(의료원조의 요청)

① I require medical assistance.

의료지원을 요구합니다.

② What kind of assistance do you require?

어떤 종류의 지원을 요구합니까?

* I require (a boat for hospital transfer / radio medical advice).

(환자수송용 보트 / 무선통신을 이용한 의료 조언)

③ Have you a doctor on board?

배에 의사가 있습니까?

* I have no doctor on board

④ I will send a boat to pick up doctor

의사를 태우기 위해 보트를 보내겠습니다.

⑤ It is not possible to transfer patient

환자수송이 불가능하다.

(3) Urgency Communication(긴급통신)

1) Engine and equipment(기관 및 설비)

① What problems do you have?

어떤 문제가 있습니까?

* I have problems with (main engine / steering gear / propeller)
(주기간, 조타기, 추진기)에 문제가 있습니다.

② I am maneuvering with difficulty.
조종이 부자연스럽다.

③ I am not under command. - Keep clear of me.
조종불능임. - 나를 피해가시오.

④ Navigate with caution.
주의해서 항해하시오.

2) Piracy(해적행위)

① I am under attack of pirates.
해적의 공격을 받고 있습니다.

② What kind of assistance do you require?
* I require (medical assistance / tug assistance)
(의료지원 / 타그보트 지원)

③ Are you damaged?
손상을 입었습니까?
* I have major damage to navigational instruments.
항해계기에 중대한 손상을 입었습니다.

(4) Safty Communications(안전통신)

1) winds, storm, tropical, state of sea(바람, 폭풍, 열대성폭풍, 해면상태)

① What is wind direction and speed in position?
당신위치에서의 바람의 방향과 속도는 어떻습니까?
* Wind direction is southwest, 30 knots in my posotion
풍향은 남서풍이고, 30노트입니다.

② Is wind (backing / veering)?
풍향이 (역전 / 순전)입니까?

* Wind is (backing / veering)

③ Is wind expected to (increase / decrese)?

바람이 (증가 / 감소)할 것으로 예상됩니까?

* Wind is expected to (increse / decrese).

④ What is atmospheric presure in your position?

당신 위치에서 대기압은 얼마입니까?

* Atmospheric pressure is 998hectopascals.

998헥토파스칼입니다.

⑤ What maximum winds expected in storm area?

폭풍지역에서의 최대의 바람은 얼마로 예상됩니까?

* Maximum winds of 35knots are expected in storm area.

35노트로 예상됩니다.

⑥ What is state of sea in your position?

당신위치에서 해상상태는 어떻습니까?

* Height of sea in my position is 3meters.

우리 위치에서 파고 3미터입니다.

⑦ Is state of sea expected to change?

해상상태가 변할 것으로 예상됩니까?

* State of sea is not expected to change.

2) Restricted visibility(제한시계)

① What is visibility in your position?

당신의 위치에서 시정은 얼마입니까?

* Visibility in my position is 2miles.

* Visibility is reduced by (mist / fog / snow / dust / rain).

(박무 / 안개 / 눈 / 먼지 / 비)로 인해 시정이 줄어들었다.

* Visibility is (increasing / decreasing / variable).

시정이 (증가 / 감소 / 변화)된다.

3) Navigational warning(항행경보)

① Navigation is prohibited in area indicated.

지정된 해역에서의 항해가 금지되었다.

Mine sweeping operations are performed by warship.

군함에 의해 기뢰제거작업이 수행 중이다.

For further information listen on VHF channel 14.

자세한 정보는 채널 14번에서 들어라.

② (Containers / Logs) in area around fairway are adrift.

항로부근에 (컨테이너 / 원목)이 떠다니고 있다.

③ Attention! Rigs are protected by a safty zone of 500meters.

주의, 유정시실물은 500미터의 안전수역에 의해 보호된다.

④ Dangerous (wreck / obstacle) is located in position 32N, 128E.

위험한 (침몰선, 장애물)이 32N, 128E 위치에 있다.

4) Fishery(어로작업)

① Small fishing boats are in the area around fairway. - Navigate with caution.

작은 어선들이 항로부근에 있다. - 주의해서 항해하시오.

② Is there fishing gear ahead of me?

우리앞에 어구가 있습니까?

* There is no fishing gear ahead of you.
* There is fishing gear with buoys ahead of you. - Navigate with caution.

  부이가 있는 어구가 당신 앞에 있습니다.

③ Fishing gear has fouled my propeller.

어구가 내 추진기에 엉켰습니다.

④ You have caught my fishing gear.

당신은 내 어구에 걸렸습니다.

⑤ Advise you recover your fishing gear.

어구를 복구할 것을 충고합니다.

⑥ Fishing in this area is prohibited.

이 지역에서 고기잡이는 금지되었다.

⑦ You are apporaching a prohibited fishing area.

당신은 어로 금지구역으로 접근 중이다.

(5) Vessel Traffic Service(선박통항 관리업무)

1) Navigational warning(항행경보)

다음 통신문 앞에는 접두어로서 WARNING을 먼저 송신한다.

① You are running into danger.

당신은 위험지역으로 가고 있습니다.

(Shallow water ahead of you / Submerged wreck ahead of you / Risk of collision / Fog bank ahead of you)

(당신 앞에 있는 낮은 수심 / 당신 앞에 있는 침몰선 / 충돌의 위험 / 당신 앞에 있는 안개덩이)

② Dangerous obstruction in position 1 mile south of Hong - do.

위험한 장애물이 홍도 남방 1마일 위치에 있다.

③ Navigation is closed in area of South Harbor.

남항지역의 항해는 금지되었다.

④ There is no sufficient depth of water ahead of you.

당신 전방은 수심이 충분치 않다.

⑤ Naval exercises will be performed in area. - Navigation is prohibited in area indicated.

이 지역에서 해군의 훈련이 실시 중이다. - 지정된 지역에서의 항해는 금지되었다.

2) Traffic information(통항정보)

다음 통신문 앞에는 접두어로서 INFORMATION을 먼저 송신한다.

① There is a vessel not under command in fairway.

항로상 조종불능선이 있다.

② You are not complying with traffic regulations 9.

당신은 통항규칙 9조를 지키지 않고 있다.

③ You are not keeping to correct lane.

당신은 올바른 통항로를 가고 있지 않다.

④ You are approaching (port / starboard) limit of fairway.

당신은 통항로의 (왼 / 오른쪽) 한계선에 접근하고 있다.

⑤ There is a vessel anchored ahead of you

당신 앞에 앵카를 놓은 배가 있다.

3) Acquiring traffic information(통항정보의 획득)

다음 통신문 앞에는 접두어로서 QUESTION 또는 ANSWER를 먼저 송신한다.

① what is your position?

당신의 위치는 어디입니까?

* My position is 2miles south of breakwater end.

내 위치는 방파제 끝단 남쪽으로부터 2마일입니다.

② What is your name and flag state?

선명과 기국은 무엇입니까?

* My name is Pacific Ocean, my flag state is Republic of Korea

선명은 '퍼시픽 오션'이고 기국은 한국이다.

③ What is your present course and speed?

현재 침로와 속도는 얼마인가?

My Present course is 247degrees, my speed is 12knots.

현재 침로는 247도이고 속도는 12노트다.

④ What is your full maneuvering speed?

최대 조종속도는 얼마입니까?

* My full meneuvering speed is 15knots.

⑤ What was your last Port of call?

최근의 기항지는 어디입니까?

* My last port of call was Bangkok.

⑥ From what direction are you approaching?

어느 방향에서 접근하고 있습니까?

* I am approaching from southeast.

⑦ What is your ETA at pilot stations in local time?

도선사 승선 지점의 예정 도착시간은 지방시로 언제입니까?

* My ETA in Position is at 14 hours local time.

⑧ What is your destination?

* My destination is Yokohama.

⑨ What is your cargo?

화물은 무엇입니까?

* My cargo is (general cargo / contaner / log / crude oil)

(일반화물 / 컨테이너 / 원목 / 원유)

⑩ Are you carring dangerous cargo?

위험화물을 운반 중입니까?

* I am not carring dangerous cargo.

4) Course(침로)

① You are steering dangerous course.

당신은 위험한 침로로 조타 중이다.

② Advise you make course of 325degrees.

침로 325도로 가세요.

③ Advise you keep your present course.

현재 침로로 유지하세요.

④ Advise you alter course to 128degrees.

128로 변침하세요.

⑤ According to my radar, your course does not comply with International for the Prevention of Collsions at Sea.

우리 레이더 관측에 의하면 당신의 침로는 국제해상충돌예방규칙을 지키고 있지 않다.

5) Draft and air draft(흘수 및 수면상 높이)

① Maximum permitted draft is 10meters.

최대 허용흘수는 10미터이다.

② What is your maximum draft now?

지금 최대 흘수는 얼마입니까?

* My maximum draft is 7meters.

③ Do you have any list?

배가 경사되었습니까?

* I have a list to (port / starboard) of 5degrees.

(좌 / 우현) 5도 경사되었습니다.

④ What is your freeboard?

건현은 얼마입니까?

My freeboard is 3meters.

⑤ What is your air draft?

선박의 수면상 높이는 얼마입니까?

⑥ Are you trimmed (by the head / by the stern)?

(선수 / 선미)쪽으로 경사되었습니까?

* I am trimmed by the head by 2meters.

선수트림 2미터입니다.

* I am on an even keel.

등흘수입니다.

6) Position(선위)

① I have located you on my radar screen. - Your position is 174 degrees, 3miles from coast radio station.

레이더 화면상에서 당신의 위치를 확인했습니다. 당신의 위치는 해안국의 위치로부터 방위 174도, 거리 3마일입니다.

② I cannot locate you om my radar screen.

레이더 화면상에 당신의 위치를 알 수 없습니다.

③ You are getting closer to vessel ahead.

앞에 있는 배와 점점 가까워지고 있습니다.

④ You are in the middle of fairway.

당신은 항로 가운데 있습니다.

⑤ Vessel on opposite course is passing your (port side / starboard side).

반대편(앞쪽)에서 오는 배는 당신의 (왼, 오른쪽)을 지나칠 것입니다.

⑥ What is your position?

당신의 위치는 어디입니까?

* My position is latitude 29°10′ N, longitude 128°46′ E.

내 위치는 위도 북위 29도 10분, 경도 동경 128도 46분입니다.

⑦ How was your position obtained?

당신의 위치는 어떻게 구했습니까?

* My position was obtained by (GPS / loarn / radar / cross-bearings).

내 위치는 (GPS, 로란, 레이더, 교차방위법)에 의해 구했습니다.

⑧ Is your radar working?

당신의 레이더가 작동 중입니까?

* (My radar is working / My radar is not working / I have no radar)

(작동 중입니다 / 작동 중이 아닙니다 / 레이더가 없습니다)

⑨ What range scale are you using?

어떤 탐지거리로 작동 중입니까?

* I am using 6miles range scale.

6마일 탐지거리입니다.

⑩ Have you altered course?

변침했습니까?

I have altered course. New course is 150degrees.

변침했습니다. 새로운 침로는 150도입니다.

7) Traffic organization service(통항지도 업무)

① It is dangerous to anchor in your present position.

당신의 현재위치에서 닻을 놓는 것은 위험합니다.

② It is dangerous to remain in your present position.

현위치에 계속 있는 것은 위험합니다.

③ It is dangerous to alter course to (port / starboard).

(왼, 오른쪽)으로 변침하는 것은 위험합니다.

④ Vessels must keep clear of this area.

선박들은 이 구역을 피해야 한다.

⑤ Vessels must navigate with caution.

선박들은 주의해서 항해해야 한다.

⑥ Do not enter traffic lane.

통항로에 진입하지 마시오.

⑦ Large vessel is leaving fairway Keep clear of fairway approach.

대형선이 항로를 떠나고 있다. 항로접근을 피하시오.

⑧ Keep clear of breakwater end. Search and rescue in operation.

방파제 끝단에서 피하시오. 수색 구조작업 중입니다.

⑨ You may enter traffic (lane / route). Traffic clearance granted.

통항로에 들어와도 됩니다. 통항이 허가되었습니다.

⑩ Advise you recover your fishing gear. You are fishing in fairway.

어구를 치울 것을 권고합니다. 당신은 항로상에서 고기잡이를 하고 있습니다.

⑪ You are heading towards fishing gear.

당신은 어구 쪽으로 가고 있다.

⑫ There are nets with buoys in this area. Navigate with caution.

이 지역에는 부표 달린 그물이 있다. 주의해서 항해하라.

⑬ Your navigation lights are not visible.

당신의 항해등이 보이지 않는다.

8) Fairway navigation(항로상의 항행)

① Your present course is too close to (outbound / inbound) vessel.

당신의 현재 침로는 (나오는 배 / 들어가는 배)와 너무 가깝다.

② Your present course is too close to vessel that you are overtaking.
당신의 현재 침로는 당신이 추월하고 있는 배와 너무 가깝다.

③ You are proceeding at a dangerous speed.
당신은 위험한 속력으로 나아가고 있다.

④ You must stay clear of fairway.
당신은 항로에서 떨어져서 있어야 한다.

⑤ You must not (overtake / cross fairway)
(추월 / 항로 횡단) 해서는 안됩니다.

⑥ There is a vessel (entering / leaving) fairway at breakwater end.
방파제 끝단의 항로에 (들어오는 / 떠나는) 배가 있습니다.

⑦ The vessel ahead of you is (turning / anchoring / not under command).
당신 앞에 있는 배는 (회전 중 / 정박 중 / 조종불능선)입니다.

⑧ Fairway speed is 7konts.
항로제한 속력은 7노트입니다.

⑨ You are in the center of fairway
당신은 항로 가운데 있습니다.

9) Canal and lock operations(운하와 갑문 통항)

① You must close up on vessel ahead of you.
당신 앞에 있는 배에 근접하시오.

② You must drop back from vessel ahead of you.
앞에 있는 배에서 떨어지시오.

③ You must wait at present position.
현위치에서 대기하세요.

④ You must wait for lock clearance at present position until 1400hours.
갑문통과를 위하여 현위치에서 1400까지 대기하시오.

⑤ You will join convoy B at 0530hours UTC.
세계시 0530에 B선단에 참여하게 될 것입니다.

⑥ Your place in convoy is number 5.

선단에서의 당신 위치는 5번입니다.

⑦ (Transit speed / Convoy speed) is 5knots.

(통과속력 / 선단속력)은 5노트입니다.

10) Maneuvering(선박조종)

① You must not overtake.

추월하면 안됩니다.

② You must wait for MV Alter to cross ahead of you.

알테어 호가 당신앞을 횡단할 때까지 기다리시오.

③ Advise you stop alter course to (port / starboard).

(왼 / 오른) 쪽으로의 변침을 멈추세요.

④ Advise you stop engine.

엔진을 정지하세요.

⑤ MV Tiger wishes to overtake on your (port side / starboard side).

타이거호는 당신의 (왼 / 오른)쪽으로 추월하고자 합니다.

11) Anchoring(닻 작업)

① You must anchor until pilot arrives.

도선사가 도착할 때까지 닻을 놓고 있어야 합니다.

② Anchoring is prohibited.

닻을 놓는 것은 금지되어 있습니다.

③ You must not dredge anchor.

용묘를 해서는 안됩니다.

④ You must heave up anchor.

닻을 감아 올려야만 합니다.

⑤ You must anchor in a different position.

다른 위치에 닻을 놓아야 합니다.

⑥ You must anchor clear of fairway.

항로에서 떨어져서 닻을 놓아야만 합니다.

⑦ You have permission to anchor until pilot arrives.

도선사 도착시까지 닻을 놓는 것은 허락되었습니다.

⑧ You are obstructing other traffic.

당신은 교통에 방해가 되고 있습니다.

⑨ You are at anchor in wrong position.

당신은 잘못된 위치에 닻을 놓고 있습니다.

⑩ Are you dregging anchor?

닻이 끌리고 있습니까?

* I am (dragging / not dragging) anchor.

(끌리고 / 안 끌리고) 있습니다.

12) Pilot request(도선사 요청)

① You must take pilot. - Pilotage is mandatory) in this area.

도선사를 태워야 합니다. - 이 지역은 강제도선구역입니다.

② Do you require pilot?

도선사를 원합니까?

* I (require / do not require) pilot.

(원합니다. / 원하지 않습니다.)

③ What is your ETA at Pusan Pilot Station in local time?

부산항 도선사 승선지역 예정도착시간은 지방시로 언제입니까?

* My ETA at Pusan Pilot Station is 0800hours local time.

0800입니다.

④ What is your distance from Pusan Pilot Station?

부산항 도선사 승선지역으로부터 얼마나 떨어져 있습니까?

* My distance from Pusan Pilot Station is 4miles.

4마일입니다.

⑤ In What position can I take pilot?

어느 위치에서 도선사를 태울까요?

* Take pilot at Pilot Station in 0830hours local time

지방시 0830에 도선서 승선지점에서 태우시오.

⑥ Pilot is (on the way / coming) to you.

도선사가 오고 있는 중입니다.

⑦ Piolt boat is approaching your vessel.

도선사가 당신 배로 가고 있습니다.

⑧ Keep pilot boat on (port side / starboard side).

(왼 / 오른)쪽에 도선선을 대시오.

⑨ You must stop in present position and wait for pilot.

현위치에서 멈추고, 도선사를 기다리시오.

⑩ Change to VHF channel 12 for pilot transfer.

도선사를 갈아 태우기 위해 채널 12로 바꾸시오.

⑪ Pilotage at Ulsan Pilot Station is (suspened / continued / resumed).

울산에서의 도선업무가 (일시중지 / 계속 / 재개) 되었다.

13) Embarking / Disembarking pilot(도선사 승 / 하선)

① Stand by pilot ladder

도선사 사다리를 준비하세요.

② Rig pilot ladder on (port side / starboard side) 3meters above water.

(왼 / 오른)쪽 수면위 3미터에 도선사 사다리를 설치하시오.

③ Move pilot ladder 10meters (after / forward)

도선사 사다리를 10미터 (앞 / 뒤)로 옮기시오.

④ Rig accomodation ladder in combination with pilot ladder

도선사 사다리를 거주구역 사다리와 조합하여 설치하시오.

⑤ Put lights on at pilot ladder.

도선사 사다리에 불을 켜시오.

⑥ Have a heaving line ready at pilot ladder.

도선사 사다리에 히빙라인을 준비하시오.

⑦ Make a lee on your (port side, starboard side)

당신 배의(왼 / 오른) 쪽에서 우리가 풍하에 있겠다.

⑧ Stop engine until pilot boat is clear.

도선선이 (본선에서) 멀어질 때까지 엔진을 멈추시오.

3.6 해외 해상교통관제 동향

3.6.1 해상교통관제 최신 동향

VTS에 대한 국제적인 흐름이 변화되고 있는데, 핵심적인 내용을 두 가지 측면에서 요약할 수 있다.

① VTS 기능이 종합적인 항행안전정보를 제공하는 VTM(Vessel Traffic Management) 기능으로 확대되고 있다.*(VTM is a collection of global activities supported by information services that address the safe, secure, and efficient interaction of vessels with each other and with their operating environment).*

② 정보통신기술의 발달에 힘입어 기존 항만 및 그 인근 해역으로 한정되었던 VTS의 관할 해역(Predefined VTS Areas)이 연근해(Coastal) 및 원양해역(Ocean)까지 확대되는 경향이 있다.

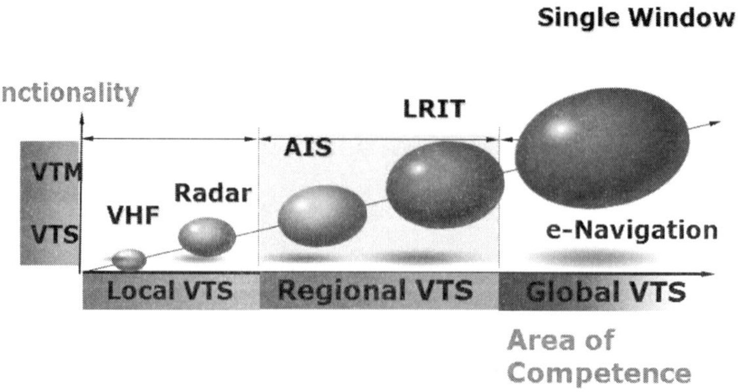

[그림 3-34] VTS 기능의 시대적 변화

(1) MEH(Marine Electronic Highway) 시범구축사업

1) 사업명칭

말라카 · 싱가포르 해협은 해양전자고속도로(MEH : Marine Electronic Highway) 시범구축사업이 시행되고 있다.

2) 사업개요

말라카 · 싱가포르 해협 항행안전증진 및 통항선박 불법활동 모니터링을 통한 해양환경보호를 목적으로 전자해도 제작, 해상교통관제(VTS), 선박자동식별장치(AIS) 및 해양기상정보 등의 항행 관련 정보를 통합 · 운영하고 육상과 선박간 항행정보교환 시스템을 구축하는 사업이다.

[그림 3-35] MEH 시범구축사업 개요

3) 참여국가 및 기관

① 연안 3국 : 인도네시아 · 말레이시아 · 싱가포르

② 해협이용국 : 한국, 일본

③ 국제기구 · 단체 : IMO, 세계은행(World Bank), 전지구환경기금(Global Environmental Facility), 국제수로기구(IHO), 국제유조선선주협회(INTERTANKO), 국제해운회의소(ICS) 등

④ [그림 3-36]은 MEH 사업계획도이다.

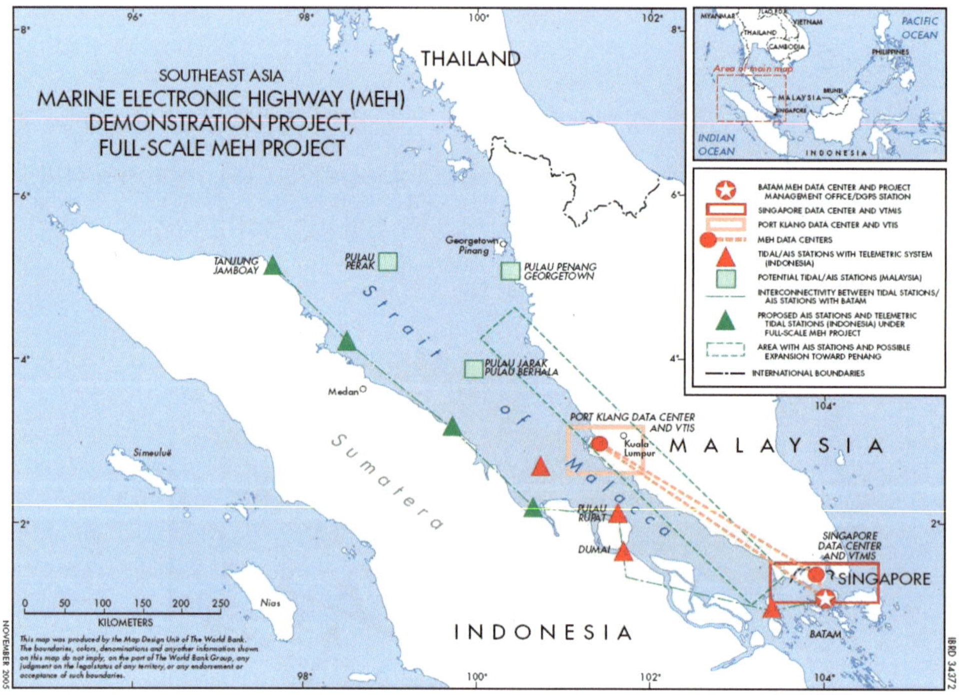

[그림 3-36] MEH 사업계획도

4) MEH 구축 시스템 내용

① Website Portal : 웹을 기반으로 하는 내부 시스템에 접속하는 통로 역할과 해양안전 관련 정보를 제공

② VTS Data Exchange : 센서 정보수집 및 연안국(인도네시아, 싱가포르, 말레이시아) VTS 정보의 수집 · 교환

③ MEH Database Management System : 연안국 VTS 센터에서 수집되는 해양안전정보관리 시스템

④ MEH Messaging Management System : 사건 및 경고 메시지에 대해 관리하고 해협에 있는 이해관계자와 정보공유

⑤ MEH Traffic Monitoring System : 말레이시아, 싱가폴, 인도네시아 VTS의 정보와 센서 정보를 통합 및 표출하는 동적 지도를 개발하여 모니터링 및 관제 지원

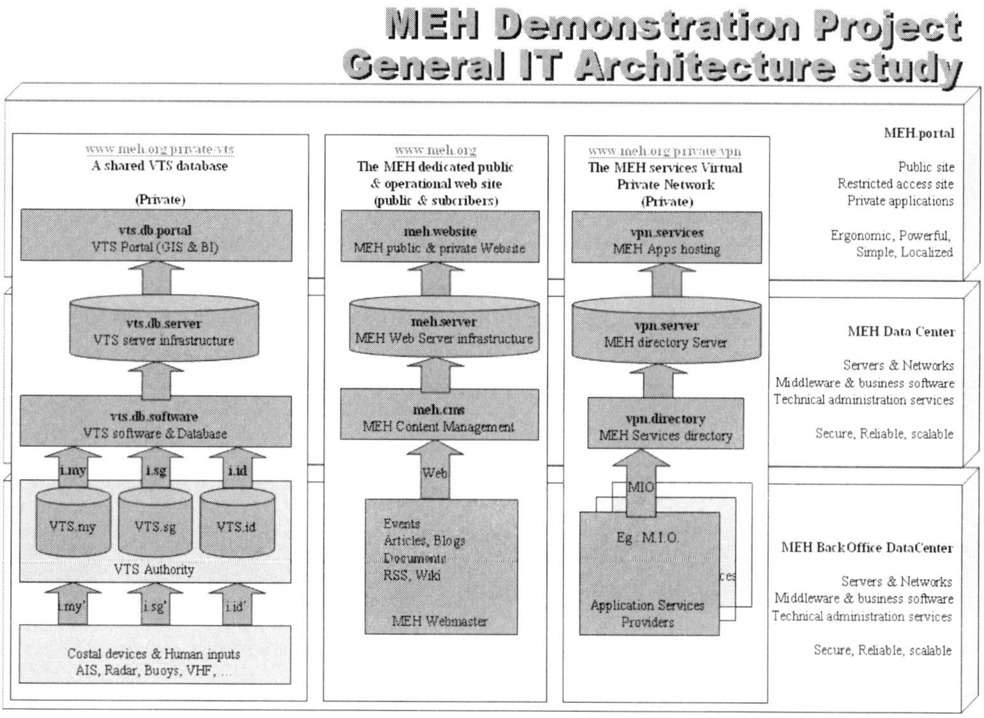

[그림 3-37] MEH flow chart

⑥ [그림 3-38]은 참여국가 중 말레이시아 VTS 장면이다.

[그림 3-38] 말레이시아 VTS 장면

3.6.2 각국의 해상교통관제 현황

외국의 VTS 운영주체는 중앙정부 · 항만당국(지자체)은 항만 VTS를 운영하고, 해안경비대 · 해상보안청은 주로 연안 VTS(연안해역, 대양, 항만외부 등)를 운영한다. 외국의 VTS 운영현황을 살펴보면 〈표 3-3〉과 같다.

〈표 3-3〉 외국의 VTS 운영현황

구 분	운 영 현 황	운영주체
미국	• 연안 : 9개소 (내륙수로 2개소 포함) • 항만 : 7개소	해안경비대 지자체 및 PA
영국	• 도버해협 관할 센터 : 1개소 • 항만 및 연안 : 25개소	교통부 해사안전청 지자체 및 PA
일본	• 연안 : 7개소 * 7개 해상교통관제센터(MTASC : Maritime Traffic Advisory Service Centre) –동경만, 이세만, 나고야항, 오사카만, 비산세토, 쿠루시마해협, 칸몬해협 • 항만(해경 17개소, 민간 31개소) * 17개 항내교통관제실(PTCO : Port Traffic Cotrol Office) – 해경 : 쿠루시마하버레이더, 요코하마, 가와사키, 동경, 우라야스, 치바, 사데가하라, 고베, 오사카항, 오사카하버레이더, 시모츠미, 히비, 쓰시마, 와카마츠, 다이바바나, 히노야마, 아사 * 31개 포트라디오(Port Radio) – 민간 : 조사 중	해상보안청 해상보안청 민간항만운영회사 (동양신호통신소)
중국	• VTS 센터 25개소 / 레이더 83개소 ※ VTS 센터(10개) / 레이더(40기)구축	중국 해사국
홍콩	• 센터 : 2개소 / 레이더 12개소	홍콩 특별자치행정부 해사처
싱가포르	• 관제구역 : 9개 섹터로 분할 • 센터 : 2개소 / 레이더 9개소 • AIS : 7개소	해사항만청
이탈리아	• 관제구역 : 8개 섹터로 분할 • 센터 : 22개소 / 레이더 99개소	해안경비대
네덜란드	• 로테르담	지자체(PA운영)

(1) 미 국

미국은 [그림 3-39]와 같이 현재 12개의 Vessel Traffic Centers(VTC)를 운용하고 있으며, 그 위치는 Prince William Sound, Puget Sound, Valdez, Seattle, San Francisco,

Los Angeles / Long Beach, Houston-Galveston, Berwick Bay, Louisville, Saint Mary's River, Port Arthur, Tampa, New York이다.

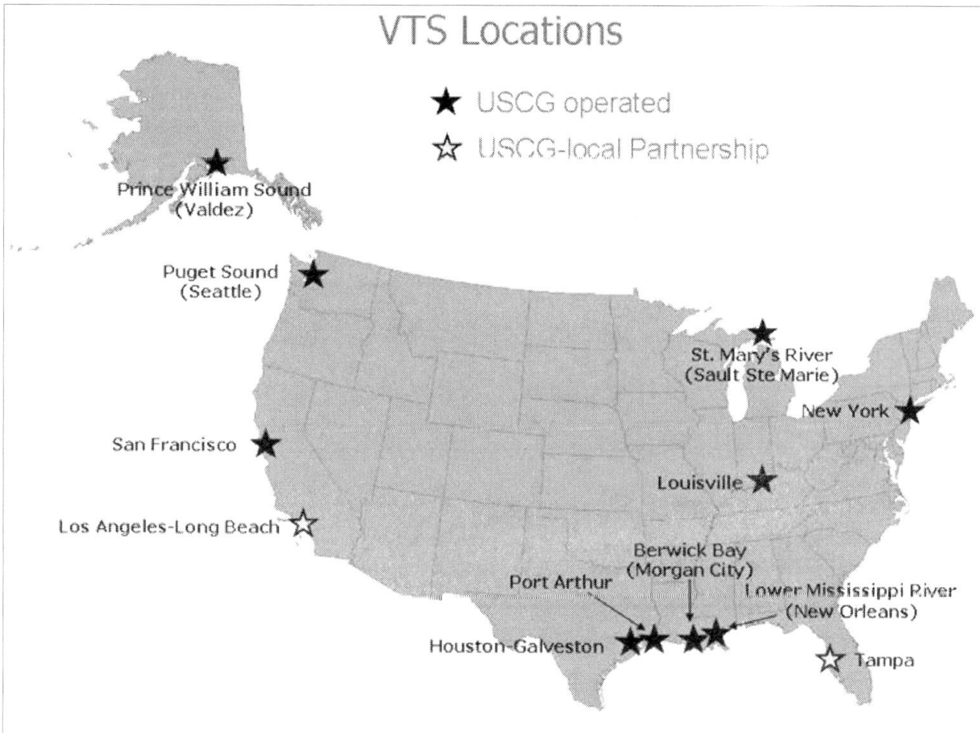

[그림 3-39] 미국의 VTS

(2) 영국의 Dover strait

1999년 7월 1일에 강제화된 CALDOVREP은 기존의 MAREP / POSREP을 대체하였다. 총톤수 700톤 이상의 선박은 다음의 절차를 따라야 한다.

1) 보고의 시점과 시기

북동쪽으로 올라가는 선박은 Gris Nez traffic에게 VHF CH.13으로 Bassurelle Lightbuoy를 지나칠 때 보고한다. 남서쪽으로 내려오는 선박은 Dover Coastguard에게 VHF CH.11로 보고한다.

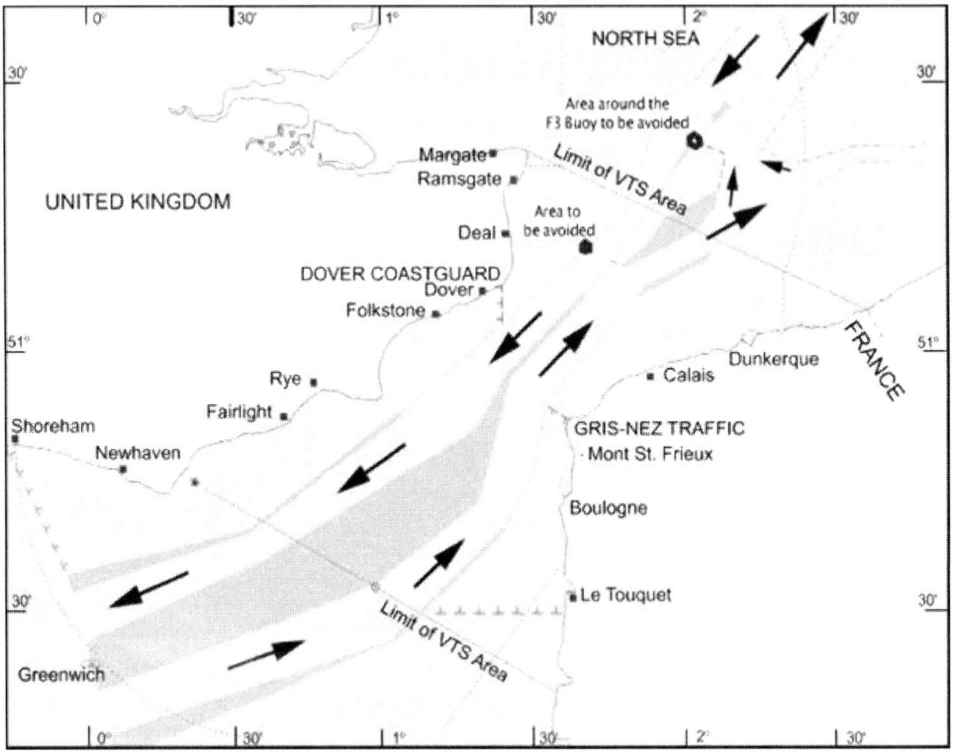

[그림 3-40] 도버 해협의 VTS 구역

2) 보고의 방법

보고는 VHF를 이용하여 육성으로 하되 AIS를 이용하여 적절한 선박정보를 수정하여야 한다.

3) 보고의 내용

① 선명, 호출부호, IMO No.

② 통과시간 및 날짜

③ 현재의 위치

④ 진침로, 속력, 출항지, 도착지 및 ETA

⑤ 현재 흘수

⑥ 화물의 종류

⑦ 위험화물의 종류

⑧ 승무원수

⑨ 기타 사항

(3) 말라카·싱가포르 해협의 STRAITREP

Malacca & Singapore Straits Ship Reporting System(STRAITREP)은 SOLAS Regulation V/11에 의거한 강제 선박 보고 시스템이다.

1) STRAITREP 선박관제

① KLANG VTS(Sector 1)

㉠ VHF Channel : CH.66

㉡ 보고지점 : 100°-40.0′E 통과 시

㉢ 보고내용 : 선명, 호출부호, 위치, 위험화물(Class), 항해기기 상태

② KLANG VTS(Sector 2~Sector 5)

㉠ VHF Channel : CH.88, CH.84, CH.61, CH.88

㉡ 보고지점 : 각 Sector 진입 시

㉢ 보고내용 : 진입보고

③ JOHOR VTS(Sector 6)

㉠ VHF Channel : CH.88

㉡ 보고지점 : Pulau Lyu Kecil 통과 시

㉢ 보고내용 : 통과보고

④ VTIS WEST(Sector 7)

㉠ VHF Channel : CH.73

㉡ 보고지점 : Pulau Karimun Kecil 통과 시

㉢ 보고내용 : E or W Bound 진입보고, 선명, 호출부호, 흘수, Air Draft, ETA(Singapore 입항 시)

㉣ 추가 보고 : RACON "D" 및 통과 시(Singapore 입항 시 불요함)

⑤ VTIS CENTRAL(Sector 8)

㉠ VHF Channel : CH.14

㉡ 보고지점 : Raflles Lt. 통과 시(Singapore 입항 시 불요함)

㉢ 보고내용 : 진입보고

⑥ VTIS(Sector 9)

㉠ VHF Channel : CH.10

㉡ 보고지점 : Changi Lt. 통과 시

㉢ 보고내용 : 진입보고

㉣ 추가 보고 : Horsburgh Lt. 통과 시

2) Traffic Regulations

① Rule 1 : E/B Deep-Draught 선박은 지정된 Deep Water Route로 항행할 것.

② Rule 2 : Selat Phillip Channel 및 Singapore Strait 내에서 항행하는 E/B Deep-Draught 선박은 여건이 허락하는 한 추월하지 말 것.

③ Rule 3 : TSS 내에서 항행하는 모든 선박은 일반적인 선박의 흐름방향에 따라 적절한 Traffic Lane을 항행해야 하며 가능한 침로를 유지해야 할 것.

④ Rule 4 : 안전항해에 영향을 미칠 수 있는 결함이 있는 선박은 협수로 진입 전 적의 조치를 취할 것.

⑤ Rule 5 : TSS 내에서 위급상황이나 고장이 발생할 경우, 가능한 한 Lane에 평행하게 유지하도록 할 것.

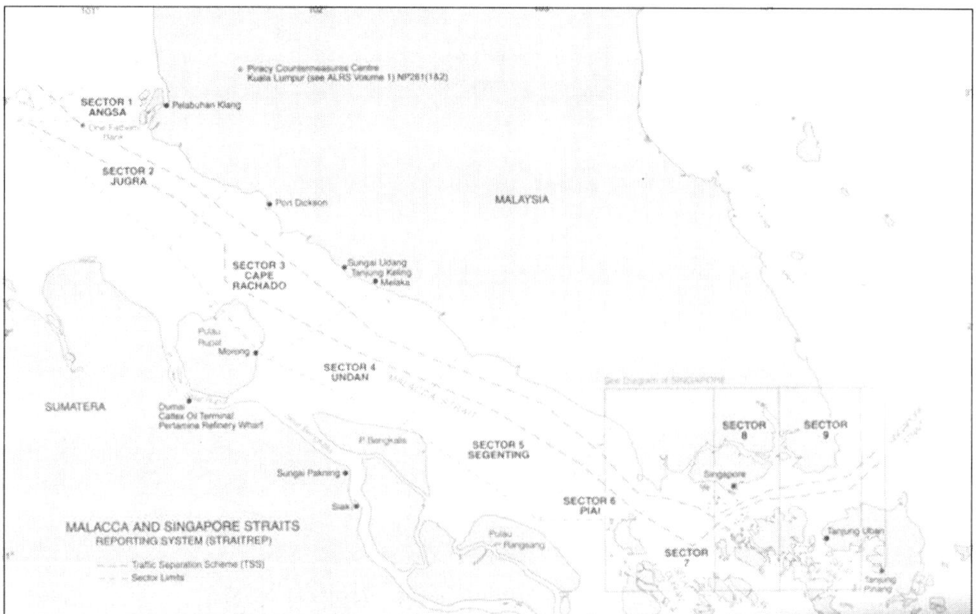

[그림 3-41] STRAITREP 관제구역

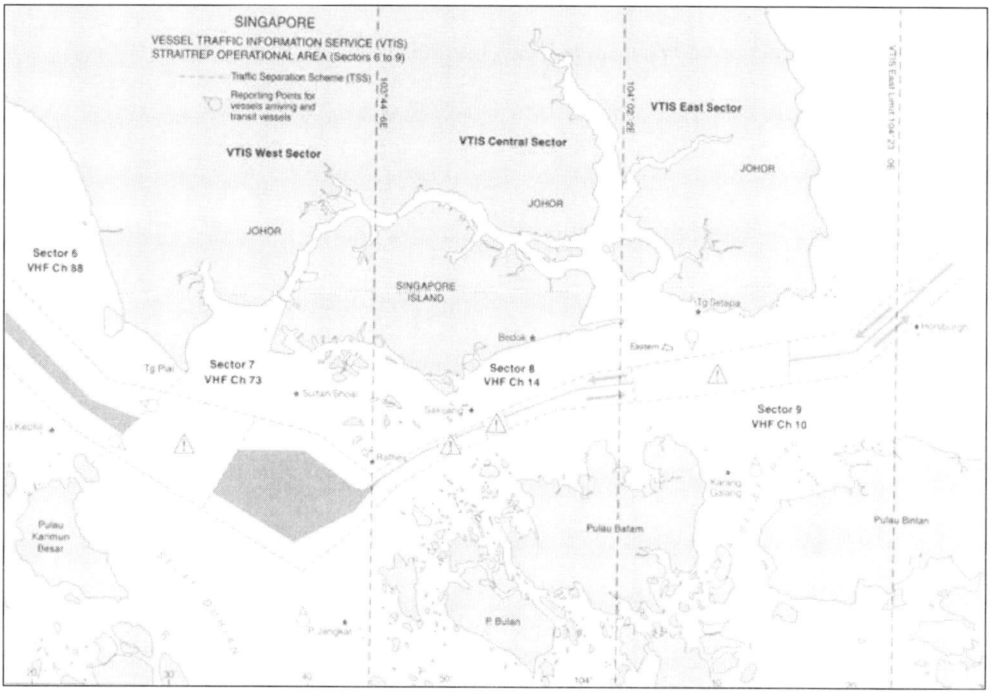

[그림 3-42] Singapore Main Strait

(4) 일본의 해상교통관제

현재 일본에서는 International Hub Port가 23개, Major Port가 126개, Local Port가 871개 운영 중이다. 이들 항구의 VTS 역할은 해상보안청, Port Radio 그리고 민간업자들이 나누어 운영 중이다.

1) Port Radio의 개요

Port Radio는 현재 일본 26개의 Major Port에서 운영하고 있으며, 항만 내에서 VHF를 통하여 입·출항하는 선박을 관리하고 있다. Port Radio는 대략 반경 50마일의 범위를 관제하고 있으며, 이는 선박이 항구도착 전 약 3시간 전에 연락할 수 있는 거리에 해당한다.

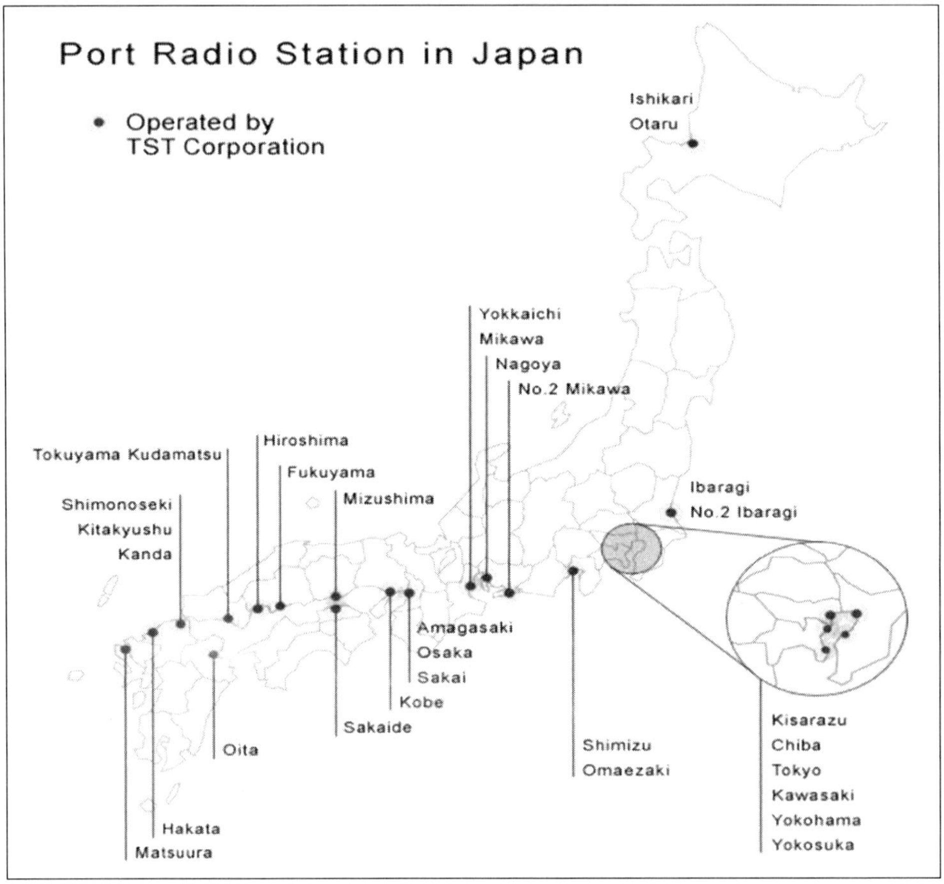

[그림 3-43] 일본의 Port Radio

입·출항하는 선박과 연락이 닿으면 항구 스케줄뿐만 아니라 현재의 교통상황도 함께 제공하며 그 내용은 〈표 3-4〉와 같다.

〈표 3-4〉 Information of Port Radio

1. Notification of ETA and ETD
2. Notification of Anchored Position and Time.
3. Assignment of Berth
4. Arrangement of Pilot Service
5. Arrangement of Tug boat Service
6. Arrangement of Line Handling Service
7. Inquiry about Water Supply or Engine Repair
8. Inquiry about Weather and Visibility
9. Arrangement of Doctor, Emergency boat, and Ambulance in case of emergency
10. Securing communication with vessels in case of emergency
11. Providing Vessel Traffic Information Service to vessels

2) 관제범위

일본의 해상관제는 Port Raido 및 해상보안청에서 담당하고 있다. Port Radio에서는 항계선, 그 외의 바깥 지역은 해상보안청에서 관제하고 있으며, 그 범위는 [그림 3-44]와 같다.

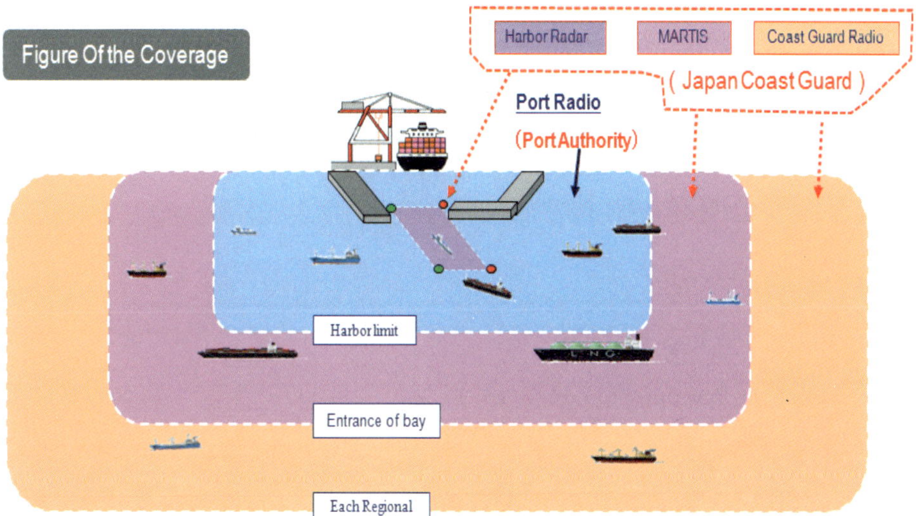

Coast Station (call sign)	Outline of Service
Port Radio (Port Authority)	Harbor Communication Service Center to ensure the safety and efficieny of vessel traffic in a port
Harbor Radar (Japanese Coast Guard)	Traffic control center to manage the Traffic control signal of each passage based on Act on Port Regulations
MARTIS (Japanese Coast Guard)	Vessel Advisory Service Center to enhance the safety of vessels and improve the efficiency of vessel navigation in each area based on Act on Maritime Traffic Safety. (Kanmon straight is based on the Act on Port Regulations)
Coast Guard Radio (Japanese Coast Guard)	*Maritime guard and rescue of each regional area*

[그림 3-44] 일본의 관제구역

3.6.3 Admiralty List of Radio Signals상의 예시

(1) TOKYO, Honshu 35°35'N 139°50'E

UNCTAD LOCODE : JP TYO

See diagram TOKYO WAN PILOTAGE (TOKYO WAN, Honshu section).

See diagram TOKYO WAN TRAFFIC ADVISORY SERVICE (TAS) (TOKYO WAN,

Honshu section).

Traffic Advisory Service(TAS)

NOTE : The Traffice Advisory Service(TAS) covers the following ports :

(1) CHIBA, including Funabashi, Honshu

(2) KAWASAKI, Honshu

(3) KISARAZU, Honshu(KIMITSU)

(4) TOKYO, Honshu

(5) YOKOHAMA, Honshu

(6) YOKOSUKA, Honshu

CONTACT DETAILS :

Call : Tokyo MARTIS

VHF Channel : CH.16 ; 13 14 22

RT Frequency (kHz) : 2189.5

Telephone : +81(0)46 843862

+81(0)46 8438623

+81(0)46 8438624

Fax : +81(0)46 8444720

Website : www6.kaiho.mlit.go.jp / tokyowan

(2) SHANGHAI 31°24'N 121°31'E

UNCTAD LOCODE : CN SHA

See diagram SHANGHAI VESSEL TRAFFIC SERVICE.

Vessel Traffic Service

AREA :

(1) The **Shanghai Reporting System** area is bounded by the following positions :

(a) 31°13'.17N 122°40'.00E

(b) 30°55'.47N 122°40'.00E

(c) 30°55'.47N 122°28'.00E

(d) 31°13'.17N 122°28'.00E

(2) **Wusong VTS** comprises 6areas, each with a designated VHF Channel as follows :

(a) **VHF CH.08 (secondary VHF CH.65) :** Shanghai Reporting System area as defined in section (1)

(b) **VHF CH.09 :**

(i) E of the line connecting Yuanyuan Sha Lt vessel(31°18'.96N 121°42'.82E) and Lt buoy D45(31°19'.28N 121°43'.54E), extending to Changxing Dao

(ii) W of longitude 122°28'.00E

(iii) S of the line connecting the N bank of the deep water channel and position 31°07'.82N 122°28'.00E

(iv) N of the line connecting Yuanyuan Sha Lt vessel, Qiandi Lt buoy No 16A (31°17'.96N 121°44'.70E), S bank of the deep water channel, position 31°04'.07N 122°16'.40E, and position 31°04'.07N 122°28'.00E

CONTACT DETAILS :

Call : Wusong VTS

VHF Channel : CH.08 09 19 26 27 61 65 71

Telephone : +86(0)21 56671249

Fax : +86(0)21 56674045

E-mail : vts-ws@shmsa.cov.cn

(3) HONGKONG 22°21'N 114°10'E

UNCTAD LOCODE : HK HKG

See diagram (1) HONG KONG VESSEL TRAFFIC SERVICES.

See diagram (2) HONG KONG VESSEL TRAFFIC SERVICE.

Vessel Traffic Service

NOTE : For details of the Shenzhen Vessel Traffic Service, see SHENZHEN.

DESCRIPTION :

The system is **mandatory** and applies to all vessels of over 300gt.

CONTACT DETAILS :

Call : Mardep

Mardep Hong Kong

VHF Channel : CH.16 ; 12 (Eastern Approaches) 14 (harbour) 67 (Western Approaches)

Telephone : +852 22337801

Fax : +852 28586646

Telex : +802 63607 MDVTS HK

E-mail : hkvtc@mardep.gov.hk

Navigational Warnings

VHF Channel : CH.20

Tugs

VHF Channel : CH.08 09

HOURS : H24

PROCEDURE :

(1) Vessels of 300gt, in particular those participating in the Vessel Traffic Services, are required to tender Pre-Arrival Notifications(PANs) to the Vessel Traffic Centre 24h prior to entering Hong Kong waters.

(2) Non-VTS participating vessels are required to submit Pre-Arrival Notifications (PANs) by fax(+852 23594264(H24)) to the Harbour Patrol Section(HPS) of the Marine Department, not less than 24h before the intended entry into the waters of Hong Kong or immediately after leaving its last port of call, where that vessel takes less than 24h for that intended entry.

(3) If it is impracticable to make the submission by fax, the concerned vessel may submit its PAN to the VTC on the VHF Channel appropriate to the VHF sector into which that vessel is to enter Hong Kong waters.

(4) In addition to reporting, vessels must maintain a continuous listening watch on VHF CH.12 and 67 at the Approaches and VHF CH.14 at the Inner Harbour Area.

(5) All times must be given in LT.

REPORTING :

(1) For the messages to be sent before entering Hong Kong waters, see GENERAL NOTES.

(2) Before navigating in Hong Kong waters, contact must be established on VHF CH.12 and 67.

(3) Within Hong Kong waters, vessels must report on VHF CH.12, 14 or 67 as follows :

  (a) When passing the Reporting Points below, stating(if required by Mardep) :

    (i) Vessel's name

    (ii) Reporting Point

    (iii) Time of passing Reporting Point

    (iv) Speed

  (b) On embarking or disembarking a Pilot, including :

    (i) Time

    (ii) Location

  (c) On anchoring or mooring, stating :

    (i) Time and vessel's position

    (ii) Estimated time of next movement

  (d) On weighing anchor or casting off

  (e) On observing any of the conditions in INCIDENT REPORTS

(4) Vessels leaving, or moving within Hong Kong waters, must report 1h in advance (vessels subject to compulsory pilotage, 3h in advance), stating :

  (a) Vessel's nave and nationality

  (b) Type and gt

(c) Length and draught

(d) Status of machinery and steering equipment

(e) Whether Pilot required

(f) ETD

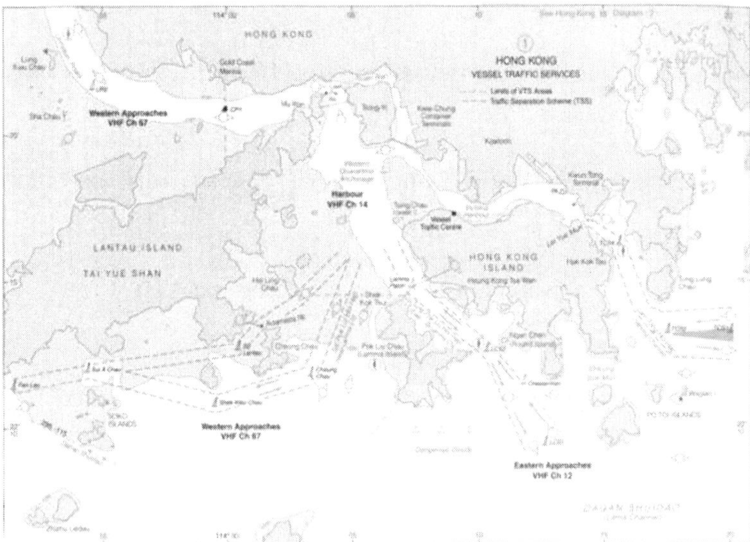

[그림 3-45] MARDEP 관제구역도

제4장

수색 구조

4.1 수색의 의미

사전적인 의미로 수색은 '구석구석 뒤지어 찾는다'는 의미이고, 구조는 '재난을 당하여 위기에 빠진 사람을 구해준다'는 의미로 수색구조를 그 의미 그대로 보면 '재난을 당하여 위기에 빠진 사람을 구석구석 찾아서 구해 준다'는 의미로 이해할 수 있다.

[그림 4-1] 2014년 4월 16일 발생한 세월호 침몰사고

4.2 수색 용어

우리나라에서 수색 구조를 할 수 있는 법적 근거는 수난구호법에 의하여 시행할 수 있으며, 수난구호*와 관련된 각 용어의 정의는 다음과 같다.

① 수색 : 인원 및 장비를 사용하여 조난을 당한 사람 또는 사람이 탑승하였을 것으로 추정되는 선박 등을 찾는 활동

② 구조 : 조난을 당한 사람을 구출하여 응급조치 또는 그 밖의 필요한 것을 제

* 해수면 또는 내수면에서 조난된 사람 및 선박, 항공기, 수상레저기구 등(이하 '선박 등'이라 한다)의 수색 · 구조 · 구난과 구조된 사람 · 선박 등 및 물건의 보호 · 관리 · 사후처리에 관한 업무를 말한다.

공하고 안전한 장소로 인도하기 위한 활동

③ 구난 : 조난을 당한 선박 등 또는 그 밖의 다른 재산(선박 등에 실린 화물을 포함한다)에 관한 원조를 위하여 행하여진 행위 또는 활동

④ 구조대 : 수색 및 구조활동을 신속히 수행할 수 있도록 훈련된 인원으로 편성되고 적절한 장비를 보유한 단위조직

⑤ 민간해양구조대원 : 지역해역에 정통한 주민 등 해양경찰관서에 등록되어 해양경찰의 해상구조활동을 보조하는 사람

⑥ 표류물 : 점유를 이탈하여 해수면 또는 내수면에 떠 있거나 떠내려가고 있는 물건

⑦ 침몰품 : 점유를 이탈하여 해수면 또는 내수면에 가라앉은 물건

한편, 국제적으로 수색 및 구조를 할 수 있는 직접적인 근거는 SAR 협약이며, 기타 협약으로는 SOLAS 협약, ICAO 협약, 공해에 관한 협약(Convention on High seas) 등이 있다.

4.3 SAR 협약 및 기타 협약

4.3.1 SAR 협약

(1) SAR 협약 채택배경 및 경위

해양사고 규모의 대형화 및 사고건수의 증가로 인명 및 재산피해가 급증하게 됨에 따라 해양사고의 예방과 사고발생 시 신속한 수색 구조작업을 함으로써 인적 및 물적 손해를 최소화하기 위하여 범국제적인 SAR 제도의 필요성이 대두되어 국제해사기구(IMO)는 1960년 해상에서의 인명 안전에 관한 국제회의를 소집하여 "SOLAS 협약" 개정 및 해상 SAR 제도 개선을 위한 다음과 같은 다수의 권고를 채택하였다.

① 체약국은 조난 주파수 청수와 전신 및 무선전화, 생존정의 주파수 수신을 위

한 연안무선국 설치

② IMO, ICAO, ITU, WMO 등이 SAR 설비계획과 비치를 위한 공동 연구수행

③ 조난사고와 관련된 항공기와 선박 간의 통신설비의 개선책을 IMO, ICAO, ITU, WMO가 긴급히 검토함

④ 체약국 정부는 모든 선박이 선위통보제도(무료 사용)에 가입하도록 독려함

⑤ 체약국 정부는 EPIRB(Emergency Position Indicating Radio Beacons, 비상위치표시 무선표지) 사용을 독려함

이러한 권고를 기반으로 IMO가 SAR 관련 작업을 하는데 기초를 제공하였고, 영국의 SAR 지침서를 모델로 1969년 상선 수색구조에 관한 지침서(MERSAR : Merchant Ship Search and Rescue Manual)를 마련하여 1971년의 IMCO(Inter-Governmental Maritime Consultative Organization, 정부간 해사자문기구) 총회에서 채택하여 각국에 보급하였다. MERSAR은 해상에서 비상사태 발생 시 조난자와 구조자를 위한 SAR 활동지침서이며, 특히 구조를 요청받은 선박의 선장을 돕기 위한 것이었다.

SAR 협약은 연안국이 자국의 주변 해역에서 적절한 SAR을 업무를 수행하기 위한 국내제도를 확립함과 아울러, 해상교통이 빈번해짐에 따라 각국이 서로 협력하여 국제적인 해상 SAR 계획을 확립함으로써 세계적인 SAR 조직 간의 협력을 촉진할 것을 목적으로 하며 정보와 절차를 제공한다.

하지만 효율적인 SAR 활동을 위한 정부차원의 국제적 SAR 요건의 확립이 부족하여 이에 대한 보강이 필요하게 되었다. 이에 1970년 개최된 "북대서양 항공 및 해상 SAR 세미나"에서 국제협약의 제정 방침과 국제적 SAR 기구의 설립계획을 제창하였다.

1971년 9월 IMCO 산하의 해상안전위원회(MSC) 내에 국제적 SAR 계획작성에 관한 전문가 그룹(실무위원회)을 설치하여 1973년부터 5년에 걸쳐 SAR 협약의 초안을 작성하였다. 이는 IMCO가 기존의 노력과 더불어 해난구조의 실효성을 확보하고 해양오염 피해를 최소화하기 위한 것으로 해양사고가 발생하였을 때 연안국의 정부가 인도주의 정신에 입각하여 인명과 재산을 구조하는 관습을 기초로 하고 잘 정비되고 훈련된 전문구조 조정기관을 상설시키고 신속하게 대응하며, 해난구조 기관 간 범세계적 협력망 구축을 시도한 것이었다.

이 초안은 1977년 해사안전위원회 심의를 거쳐 IMCO 총회(1979년 개최)에서 협약이 채택되었다. 이 SAR 협약에 대한 발효는 1985년 6월 22일 발효되었다.

한편 IMCO의 해사안전위원회는 MERSAR에 이은 두 번째 지침서로 IMCO SAR Manual(IMCO 수색 구조지침서, IMCO Search and Rescue은 추후 IMOSAR로 개칭됨)을 작성하였다. 이 지침서는 해상 SAR 정책의 요건보다는 모든 연안국이 유사한 기준에 따라 자국의 SAR 조직을 개발하고 인접국가들이 협력하고 상호 원조할 수 있도록 독려하는 지침을 제공하였다.

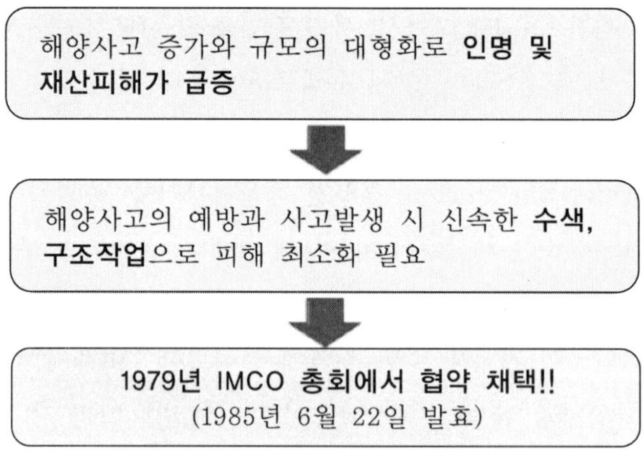

[그림 4-2] SAR 협약 채택배경

(2) 협약의 구성

SAR 협약은 전문, 8조로 구성된 본문(Article), 5장으로 구성된 부속서(Annex), 8개의 결의서(Resolution)의 4개 부분으로 구성되어 있다. 이 협약의 핵심부분은 부속서로 제1장 용어의 정의, 제2장 조직 및 조정, 제3장 국가 간의 협력, 제4장 운영 절차, 제5장 선위통보제도를 규정하고 있다(표 4-1).

〈표 4-1〉 SAR 협약의 구성

	조 · 장	주요 규정	
본문	1	부속서의 내용을 시행하기 위한 체약국의 관련 법령 제정 및 적당한 조치 실시	General obligations under the Convention
	2	기타 협약과의 관계, 해석	Other treaties and interpretation
	3	개정 절차	Amendments
	4	비준 등 절차	Signature, ratification, acceptance, approval and accession
	5	효력발생(15개국이 당사국이 된 날로부터 12개월 후 발효)	Entry into force
	6	폐기(발효일로부터 5년 경과 후에 폐기 가능)	Denunciation
	7	비준서 기탁(사무총장이 인증등본을 각국 및 UN에 송부)	Deposit and registration
	8	협약 작성에 사용된 언어	Languages
부속서	1	용어의 정의	Terms and definitions
	2	해난구조 기관 및 구조실시 조직	Organization and co-ordination
	3	국가 간의 협력	Co-operation between States
	4	SAR 활동절차	Operating procedures
	5	선위통보제도	Ship reporting system
결의서	1	SAR 업무의 지원과 조정을 위한 조치	Arrangements for provision and co-ordination of SAR services
	2	선위통보제도의 참가 선박에 대한 비용	Cost to ships of participation in ship reporting systems
	3	선위통보제도를 위하여 국제적으로 합의된 형식 및 절차의 필요성	Need for an internationally agreed format and procedures for ship reporting systems
	4	SAR 지침서	SAR manuals
	5	해상 SAR를 위한 주파수	Frequencies for maritime SAR
	6	범세계적 해상조난 및 안전제도(GMDSS)의 개선	Development of a global maritime distress and safety system
	7	SAR 업무와 해상기상 업무와의 조화	Harmonization of SAR services with maritime meteorological services
	8	기술협력의 증진	Promotion of technical co-operation

(3) SAR 협약의 주요 내용

SAR 협약의 주요 내용 중 부속서와 결의서를 중심으로 개괄해 보면 다음과 같다.

1) 부속서

① 제1장 : 용어의 정의

SAR에서 사용되는 중요한 용어의 정의는 〈표 4-2〉와 같다.

〈표 4-2〉 SAR 중요 용어

한글 용어	약어	원 어	정 의
수색구조 구역	SRR	Search and Rescue Region	SAR 업무가 행하여지는 일정 범위의 구역
구조조정 본부	RCC	Rescue Co-ordination Centre	SAR 업무의 효율적 조직화를 촉진하고 SAR 구역내에서 SAR 활동의 실시를 조정하는 책임을 지는 기관
구조지부	RSC	Rescue Sub-Centre	SAR 구역 내의 특정구역에서 구조조정 본부를 보좌하기 위해 설립된 구조조종 본부의 하위기관
연안감시대		Coast Watching Unit	연안해역에서 선박의 안전에 관한 감시를 행하기 위해 지정된 고정 또는 이동하는 육상기관
구조대		Rescue Unit	SAR 활동을 신속히 수행하기에 적합한 장비를 보유하고 훈련된 요원으로 편성된 기관
현장지휘관	OSC	On-Scene Co-ordinator	특정수색 구역 내에서 SAR 활동을 조정하기 위해 지정된 구조대의 지휘관
긴급단계		Emergency Phase	경우에 따라 불확실 단계, 경계 단계 또는 조난 단계를 의미하는 포괄적인 용어
불확실단계		Uncertainty Phase	선박 및 승선자의 안전이 불확실한 상태
경계단계		Alert Phase	선박 및 승선자의 안전이 우려되는 상태
조난단계		Distress Phase	선박 및 승선자가 중대하고 절박한 위험에 처하여 있고 조속한 원조를 필요로 하는 합리적인 확실성이 있는 상태
수상불시착		To ditch	항공기가 해상에 강제 착륙하는 것

② 부속서 제2장 : 조직 및 조정

SAR 조직의 기본구조 및 조정내용에 대하여 규정하고 있으며, 당사국의 법적 체제정비와 인접국과의 협력체제 마련, 담당 부서지정, 구조조정 본부 및 구조지부의 설치, 구조대의 지정, 구조대의 시설 및 장비확보 등을 규정하고 있다.

③ 부속서 제3장 : 국가 간의 협력

SAR 조직 및 활동에 대한 인접국과의 상호 조정하도록 하고 있으며, 당사국은 관계국 간 별도 협정이 없는 한 국내 법규에 의거하여 단지 조난위치의 수색 및 당해 조난의 생존자를 구조하는 목적으로 다른 당사국의 구조대가 자국의 영해에 입역하는 것을 즉시 허가하도록 한다.

④ 부속서 제4장 : 운영절차

SAR 참여 당사국들이 취할 핵심적 기술사항으로서 실제 SAR 활동의 절차를 규정하고 있다.

⑤ 부속서 제5장 : 선위통보제도

선위통보제도의 총칙, 운용상의 요건, 통보의 종류 및 제도의 이용 등을 규정하고 있다. 선위통보제도의 중요성 때문에 SAR 협약이 이를 수행하고 있으나, 이 제도는 당사국이 필수적으로 설치할 의무사항은 아니며 권고적 성격을 가진다.

2) 결의서

① 결의서 제1결의 : 당사국은 항공목적을 포함하여 모든 SAR 활동을 조정하여야 하고, IMO는 항공 SAR 계획 및 절차와 해상 SAR 계획 및 절차가 조화되도록 국제민간항공기구(ICAO)와 긴밀한 작업을 계속하여야 한다고 규정한다.

② 결의서 제2결의 : 각 당사국은 선위통보제도에 참가하는 관계 선박에 대한 통보가 무료가 되도록 조치한다.

③ 결의서 제3결의 : SAR 목적을 위해 설립된 선위통보제도를 결의서에 부속된 형식을 기초로 하여 국제적으로 합의된 형식을 개발할 것을 요청한다.

㉠ 통보식별(구역 또는 제도의 명칭)

㉡ 통보의 종류(항해계획, 위치통보, 최종통보)

㉢ 선박(선명, 호출부호 또는 선박국 식별)

㉣ 일시

㉤ 위치(출발항 또는 도착항 위도, 경도)

㉥ 침로

㉦ 노트로 표시한 속력

ⓞ 항로정보

ⓩ 도착예정시각

ⓒ 감시연안무석국, 다음 통보시각

ⓚ 기타 정보

④ 결의서 제4결의 : 각 당사국이 IAMSAR 상의 지침을 사용하도록 권장한다.

⑤ 결의서 제5결의 : ITU의 모든 범위 내에서 사용을 위한 발사등급을 이용한 해상이동 업무용 각 주파수대에 조난 및 안전목적으로만 사용할 수 있는 특별 주파수의 배정 촉구한다.

⑥ 결의서 제6결의 : SAR 협약 부속서에 규정된 SAR 계획을 효과적으로 수행하도록 지원하기 위한 조난 및 안전목적의 GMDSS를 운영한다.

⑦ 결의서 제7결의 : 해상기상예보와 경보구역과 SAR 구역과의 조화의 실행 가능성을 조사하기 위하여 WMO와 긴밀한 작업을 하도록 요청한다.

⑧ 결의서 제8결의 : 당사국으로 하여금 SAR 관련 요원의 훈련과 SAR 장비확보 및 SAR 설치, 개발이 필요한 국가들에 대한 지원을 증진하도록 촉구한다.

[그림 4-3] 수색 구조작업 전용 헬기

[그림 4-4] 수색 구조훈련-1

[그림 4-5] 수색 구조훈련-2

(4) 우리나라 SAR 협약 가입경위

1) 가입배경

우리나라는 1985년 발효된 SAR 협약을 미루다가 1991년 IMO 사무총장의 SAR 협약 가입촉구 서한을 접수함에 따라 SAR 협약에 대한 관심이 높아졌다. 1993년 9월 광양만 내에서 금동호 충돌사고로 대형 유료 오염사고가 발생하였고, 같은 해 서해훼리호 침몰사고로 292명의 인명손실이 발생함에 따라 해양환경보호와 대형 해양사고에 대한 범정부적인 대책이 절실하게 되었다.

이에 관계기관 협의를 거친 후 해양경비안전본부이 주관기관이 되어 1994년 9월 외무부에 공식적으로 협약 가입을 요청하였고, 같은 해 12월에 수난구호법을 개정하고, 1995년 8월 국무회의 심의를 거쳐 그 해 9월에 IMO 사무총장에게 외무부장관 명의의 가입서를 기탁함으로써 1995년 10월 4일자로 SAR 협약이 발효되었다.

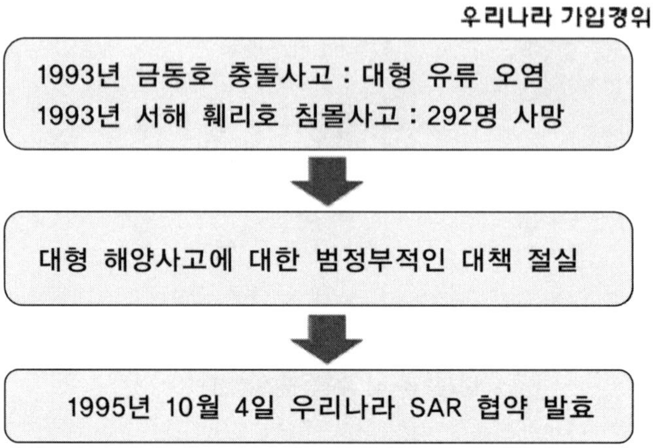

[그림 4-6] 우리나라 SAR 협약 발효경위

2) 업무수행 분야

이러한 법적 근거를 기반으로 하여 우리나라의 경우에는 해양경비안전본부(이후 국가안전처로 변경)의 수색 구조과*에 의하여 다음과 같은 업무를 수행하고 있다.

① 해양사고 수색 구조업무에 관한 사항

② 해양재난의 대비 · 대응에 관한 사항

③ 수난대비 시행계획 수립에 관한 사항

④ 해상수색 구조 관련 기술정보의 수집 · 연구

⑤ 해상수색 구조 관련 국제협력에 관한 사항

⑥ 국제해상수색구조협약의 이행에 관한 사항

⑦ 해상수색 · 구조 · 구난작업에 동원된 세력의 지휘 · 통제 및 조정

⑧ 광역 수색 · 구조대의 운영지도 및 조정

⑨ 위성조난통신실 · 해상교통문자방송실 · 구난무선국의 운영기획 · 지도 및 조정

⑩ 선박위치통보제도의 운영

그리고 최근 이슈화가 되고 있는 2014년 세월호 사고와 관련하여 우리나라 수난구호법 제9조에 의하여 여객선 비상수색 구조계획서를 작성하도록 되어 있다.

* www.kcg.go.kr

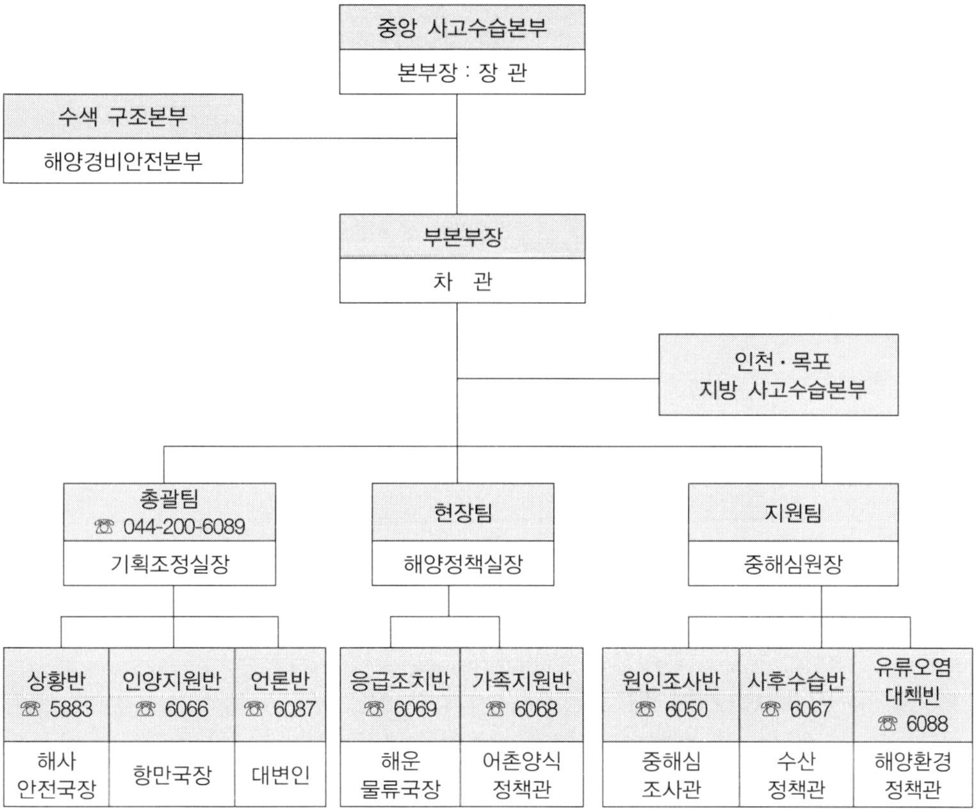

[그림 4-7] 여객선 세월호 중앙 사고수습본부 특별운영팀 조직도

〈표 4-3〉 여객선 세월호 중앙 사고수습본부 특별운영팀 임무

팀	반	임 무
총괄팀 044-200-6089 (기획조정실장)	상황반 044-200-5883 (해사안전국장)	사고수습 업무 총괄지휘 상황업무 총괄 사고수습 파악 · 전파 사고수습 상황 유지 · 보고(대내 · 외) 해경 등 유관기관 협조사항 파악 및 요청
	인양지원반 044-200-6066 (항만국장)	선박인양 대책마련 인양장비 수배 · 인양 관련 현황파악 현장 긴급복구 업무지원 피해경감 및 2차 사고예방조치 지원
	언론반 044-200-6087 (대변인)	사고현황 보도자료 배포 · 브리핑 언론현황 모니터링 및 대응

팀	반	임 무
현장팀 (해양정책실장)	응급조치반 044-200-6069 (해운물류국장)	현장 사고수습 지원 인명구호 지원(사망·부상자 조치) 사고수습기관과 협조 대외기관 회의대응(회의자료 작성 등)
	가족지원반 044-200-6068 (어촌양식정책관)	현장방문 피해자 가족 편의제공·안내 관계기관 간 지원협조
지원팀 (중해심원장)	원인조사반 044-200-6050 (중해심 수석조사관)	사고원인 조사 유사사고예방을 위한 긴급조치 제시(필요 시)
	사후수습반 044-200-6067 (수산정책관)	피해보상 지원(보험사항 확인 등) 사망자·실종자 수습, 장례대책 및 지원 의료·복구·보상 지원
	유류오염대책반 044-200-6088 (해양환경정책관)	해양오염예방 및 방제 지원 해양오염방제 자재비축·운영준비 지자체 등 관계기관 협력체계 유지

4.3.2 SAR 관련 기타 협약

(1) 1910년 해난구조 협약

총 19개 조약 중 위험에 처한 선박과 물건 등에 대한 구원과 구조의 행위가 유익한 결과를 발생시킬 때에만 구조료를 청구할 수 있도록 하는 불성공 무보수 원칙을 채택하고 있다. SAR 협약에 비해 사법적인 측면을 규정한 것으로 구조에 성공했을 때 구조료에 관한 규정이 대부분이고 공법적인 측면을 규정한 제11조가 있다.

1910년 해난구조협약(제11조)

Every vessel is bound, so far as he can do so without serious danger to his vessel, her crew and her passengers, to render assistance to everybody, even though an enemy, found at sea in danger of being lost.
선장에게 자선과 승무원 및 여객에게 심각한 위험이 없는 한 조난자가 적국의 사람이라도 구조해야 한다.

(2) 1944년 국제민간항공협약

이 협약 제25조에서는 체약국의 영공 및 영해 그리고 공해에서 조난당한 항공기의 구조조치를 행하도록 체약국에 의무를 부과하고 있고 SAR 조직을 갖추고 인접국과 협력하여 SAR 작업을 하도록 규정한다.

(3) 1958년 공해에 관한 협약(The Convention on the High Seas, 1958)

모든 연안국은 해상에 있어서의 안전에 관한 적절하고 효율적인 SAR 업무를 위한 기관설치 및 유지를 촉진해야 하고, 또한 상황에 따라 필요한 경우에는 이를 위해 인접국 상호간에 협력하도록 지역 협정을 체결하여야 한다고 규정한다. 1910년 해난구조 협약과는 달리 협약에는 적국(enemy)의 구조에 관한 규정은 없으며, 또한 동 협약에서 필요로 하는 요구조건을 만족시키기 위해 정부기관이 설립해야 할 SAR 조직에 대해서는 언급하지 않고 있다.

(4) 1969년 공해상의 개입에 관한 협약

해난으로 해양 및 연안에 기름에 의한 오염의 위협이 있을 때 자국민의 이익을 보호하기 위해 연안국이 예외적 조치를 공해상에서 취할 수 있도록 규정한다(제3조). 연안국은 조치를 취하기 전에 해난으로 영향을 받을 개인 또는 법인에게도 지체없이 통보하며 긴급한 경우에는 사전통고나 협의가 없이도 조치를 취할 수 있다. 특히 긴급한 조치를 취하기 전 또는 그 사이에도 인명구조 등 조난자가 필요로 하는 구조조치 등 최선의 노력을 기울이도록 규정하고 있다.

(5) 1974년 해상에서의 인명안전을 위한 국제협약

SOLAS 제5장 제33규칙에는 선장의 조난통보 의무와 조치를 규정하고 있다. 모든 선박의 선장은 선박, 항공기, 구명정 등으로부터 조난신호를 접수하면 조난자 구조에 최선을 다하도록 규정하고 있다.

SOALS 제5장 제7규칙에는 수색과 구조를 위해 각 체약국은 연안감시와 연안수색에 있어 조난자의 구조를 위해서 필요한 조치를 확보할 것을 확실히 하도록 되어 있다.

(6) 1989년 해난구조 협약

5개장 34개 조항으로 구성되어 있으며 이 중 해양환경 피해를 최소화하기 위해서 구조자에게 보다 확실한 유인책과 안전망을 보장한다. 즉 구조작업을 장려하기 위하여 구조자의 지위를 향상하였고, 해양사고가 제3자의 이익, 특히 환경손해를 위협할 경우 선박과 재산의 구조에 실패하더라도 구조자에게 특별 보상을 하도록 규정하고 있다.

(7) IAMSAR 지침서

당사국의 수색 구조요구 및 민간항공협약, 해상 SAR 협약, SOLAS 협약과 같은 국제협약에 규정된 의무를 충족시키려는 협약국에게 도움을 제공하기 위해 작성된 지침서이다(해상의 MERSAR 지침서+연안국의 SAR 조직정비 및 인접국간 상호협력지원에 필요한 사항에 대하여 자세하게 기록한 IMOSAR 지침서 통합).

1) 제1권(조직 및 관리)

전 세계적인 SAR 시스템 개념, 국가 및 지역의 SAR 시스템의 수립 및 발전 그리고 효과적으로 경제적인 SAR 업무를 제공하기 위하여 인접국가와의 협력을 다루고 있다.

2) 제2권(임무조정)

SAR 시행 및 훈련을 계획하고 조정하는 인원을 지원하기 위한 것이다.

3) 제3권(운항선박(항공기))

수색, 구조 또는 현장 조정관 기능의 수행과 비상사태에 처한 운항선박(항공기)들의 SAR 상황을 지원하기 위하여 구조대, 항공기 그리고 선박에 비치하도록 하기 위한 것이다.

SOLAS 제5장 제21규칙에 의거하여 국제항해에 종사하는 모든 선박은 크기에 관계없이 IAMSAR 지침서 제3권을 비치하고 있다.

"All ships shall carry an up-to-date copy of volume III of the International Aeronautical and Maritime Search and Rescue(IAMSAR) Manual."

4.4 수색 구조활동 용어

〈표 4-4〉 IMOSAR Glossary-1

Aircraft Co-Ordinator(ACO)	항공기 조정자
Automated Mutual-assistance Vessel Rescue System(AMBER)	자동화된 상호원조 선박구조 시스템
Captain	선장
Coast earth station(CES)	해안지구국
Commence search point(CSP)	수색착수지점
Conclusion stage	종결단계
Cospas-Sarsat system	Cospas-Sarsat 시스템
Course	침로
Craft	크래프트
Datum	자료, 기준점
Digital selective calling(DSC)	디지털 선택호출(DSC)
Direction of waves, swells, or sea	파도, 너울 또는 물결의 방향
Direction of wind	풍향
Distress alert	조난경보
Ditching	불시착
Drift	표류
Emergency locator transmitter(ELT)	비상위치탐사 발신기
Emergency position-indication radio beacon(EPIRB)	비상위치표시 무선표지(EPIRB)
False alarm	잘못 발사된 경보
False alert	잘못된 조난경보
Fetch	대안거리
Global maritime distress and safety system(GMDSS)	전세계 해상조난 및 안전제도
Heading	해딩
Hypothermia	저체온
Inmarsat	국제이동해사기구
Leeway	풍압차
MAYDAY	조난신호
MEDEVAC	의료적 대피
MEDICO	무선 의료조언

〈표 4-5〉 IMOSAR Glossary-2

Narrow-Band Direct Printing(NBDP)	협대역 직접 인쇄
NAVAREA	NAVAREA
NAVTEX	NAVTEX
On-scene	현장
On-scene co-ordinator(OSC)	현장조정자
PAN-PAN	PAN-PAN
Primary swell	1차 스웰
Rescue	구조
Rescue action plan	구조활동계획
Rescue co-ordination centre(RCC)	구조조정 센터
Rescue sub-centre(RSC)	부구조 센터
SafetyNET	SafetyNET
Sea	바다
Search	수색
Search action plan	수색활동계획
Search and rescue Mission Co-ordinator(SMC)	수색 및 구조임무 조정자
Search and Rescue Region(SRR)	수색 및 구조범위
Search and Rescue Unit(SRU)	수색 및 구조시설
Search And Rescue Transponder(SART)	수색 및 구조 트랜스폰더
Swell	스웰
Swell direction	스웰 방향
Swell face	스웰 표면
Swell velocity	스웰 속도
Track spacing(s)	항적 간격
True air speed(TAS)	진 대기속도
Wave(or chop)	파도(또는 삼각파)
Wind current	기류

4.5 해양사고별 인명구조활동

4.5.1 충돌사고에 대한 인명구조활동

(1) 상황조사 우선순위

① 사고선박 내의 인원수와 상태, 인명피해사항

② 유류 적재량과 유출상태

③ 인화물질, 폭발성 물질의 적재여부와 화재 및 폭발 가능성 여부

④ 적재물의 양, 종류, 유동여부

⑤ 선체의 손상정도, 침수개소와 침수량 정도, 자체 방수조치 가능여부

⑥ 전복, 침몰, 화재의 동반 가능성 여부

⑦ 선박제원, 선박소유자 연락처 등

⑧ 사고당사자들에 대한 음주측정

(2) 인명구조방법

1) 조난자가 조난선박 내 있는 경우

① 헬기에 의한 구조방법

② 구명보트를 이용하여 조난선박에 접근시켜 옮기는 방법

③ 고무보트를 이용하여 조난선박과 구조선박 사이에 이송시키는 방법

2) 조난자가 팽창식 구명뗏목에서 표류할 때

① 헬기에 의한 구조방법

② 직접 구조선박에 의한 구조방법

③ 구조선박에 의한 예인구조방법

3) 조난선박을 탈출하여 해상에서 유영 또는 표류할 때

① 헬기에 의한 구조방법

② 구조선박에 구명대를 달아맨 로프를 해중에 내려 끌어올리는 방법

③ 구조선박에서 구명부이나 구명망을 내려서 구조하는 방법

4) 표류 중인 인명구조

① 항공기에 의한 정밀수색

㉠ 해난사고가 발생한 해역을 정밀하게 수색한다.

㉡ 표류자가 발견 시에는 위치표시를 위해 연막탄이나 고무보트를 투하한다.

㉢ 조난장소 인근을 항해하는 선박들을 현장으로 유도한다.

② 선박에 의한 구체적인 수색

㉠ 조난현장에 도착하게 되면 구명정, 고속보트 등을 이용하여 치밀한 구조작업을 벌여야 한다.

㉡ 다수의 사람이 바다에 표류하는 경우에는 2척의 선박이 구명부이 또는 구명의를 달아맨 로프를 내려놓아 미속 항진하여 사람들이 그것을 붙잡도록 하고 구명정을 보내어 구조한다.

4.5.2 좌초사고에 대한 인명구조활동

(1) 일반적 조치요령

선박 좌초사고의 경우 구조선의 접근이 곤란한 경우가 많고 또 시간이 경과할수록 선체파손 등의 위험이 증대하기 때문에, 우선 승선인원 구조작업을 실시하고 해양오염 방제조치 등 필요한 대응을 신속하게 하고 다음 사항을 고려 자력이초 여부를 결정한다.

① 손상의 정도, 침수의 유무, 손상개소의 상태

② 좌초 해저의 저질상태와 주변수심 측정

③ 조석, 간만차 크기확인과 만조 시 자력이초 가능성 여부

④ 기상, 조류, 풍량 등 외력이 선체에 미치는 영향

⑤ 선체의 동요, 경사만곡의 유무

⑥ 기관과 추진기의 상황

⑦ 흘수를 낮추기 위하여 바다에 적재화물 투하 가능성 여부

⑧ 선체흘수와 경사도

⑨ 육지해안과의 거리

이초작업은 인명 등의 위험성이 없는 경우 실시한다. 무리하게 이초를 시도하면, 선체손상을 발생시키거나 최악의 경우 침몰될 우려가 있기 때문에 충분히 유의한다. 구조작업을 위해 선박제원 등 일반적인 사항 외에 저질, 파랑 등의 변화상황, 구조의 곤란성(2차 재해의 우려), 선체손상의 상황, 육상으로부터의 거리 등을 상세하게 파악한다.

(2) 인명구조방법

1) 헬기에 의한 구조법

헬기에 의한 구조방법은 좌초선박 내의 조난자 구조에 가장 신속하고 안전하므로 최적의 구조방법으로 평가되고 있다. 경우에 따라서 조난선의 갑판상태, 선체구조물, 부근의 지형적인 장애물 또는 예측 불가능한 사항 등에 의하여 헬기의 접근을 어렵게 하는 경우도 있다. 따라서 헬기구조의 장애요인을 해상과 육상에서 파악하여 긴밀한 협조체제를 유지하여야 한다.

① 헬기지원체제

㉠ 헬기기지와 원거리인 경우에는 중간 기착지를 선정하여 보급체계 마련

㉡ 헬기와 육상, 선박 사이에 통신망과 연락체제를 구축

㉢ 조난선박 인근의 해상, 기상 및 조난상황 등을 자세히 파악하여 조종사가 구조에 필요한 정보를 사전에 알고 조치

㉣ 조난자나 부상자를 수송할 구급차, 치료할 병원을 사전에 준비한다.

② 조난선박의 조치

㉠ 헬기가 조난선의 상공에 접근하면 강한 회오리바람이 일어나므로 바람에 휘날릴 가능성이 있는 로프류나 커버 등을 단단히 묶는다.

㉡ 헬기가 조난선박에 접근가능한 장소를 선정하여(마스트 등과 같이 높은 장애물로부터 최소한 20m 이상 떨어진 장소) 구조될 수 있는 준비를 갖춘다.

㉢ 조난선은 보통 동요를 일으키므로 가능하면 선박의 동요가 정지하는 순간에 구조작업을 할 수 있도록 긴밀한 연락체계를 갖춘다.

㉣ 헬기에서 슬링장비나 구명망(life nets)이 내려오면 우선순위에 따라 질서 있게 구조될 수 있도록 한다.

③ 헬기 구조장비별 장단점

㉠ 구조밧줄(rescue sling)

- 사람을 후송하기 위한 수단으로 가장 널리 사용되는 것이다.
- 밧줄은 부상당하지 않은 사람을 즉시 인양하는 데는 적합하지만 부상당한 사람에게는 부적절하다.
- 양 겨드랑이 밑과 등 뒤로 밧줄의 고리가 통과하게 하여 사람이 코트를 착용하는 것과 같은 방법으로 밧줄을 맨다.
- 밧줄을 맨 사람은 얼굴을 후크 쪽으로 향하게 한다. 양손을 [그림 4-8]에서 보는 바와 같이 앞쪽에서 포개야 한다.
- 사람은 밧줄 안에 앉아서도 안 되며 밧줄의 후크를 풀어서도 안 된다.

㉡ 구조 바스켓(rescue basket)

- 구조 바스켓은 사용상 특별한 방법을 요구하지 않는다.
- 바스켓 사용자는 단지 안에 들어가 편안히 앉으면 된다.

㉢ 구조들것(rescue litter)

- 대부분의 환자의 경우 구조들것을 이용한다.
- 선박의 들것이 환자의 인양작업에 부적합한 경우가 많으므로 헬기의 구조 들것을 사용하는 것이 좋다.

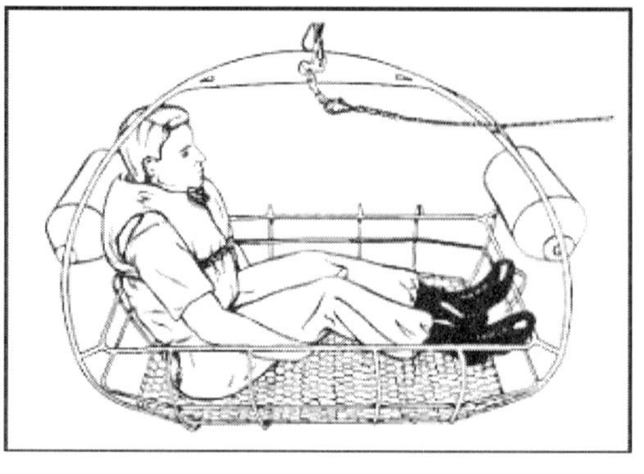

[그림 4-8] 구조밧줄과 구조 바스켓

㉣ 구조그물(rescue net)

- 구조그물은 원뿔형의 “대형 새장” 모양으로 한 쪽이 열려 있다.
- 그물을 사용하는 사람은 단지 열려진 부분을 들어가 앉아서 기다리면 된다.

㉤ 구조 시트(rescue seat)

- 구조 시트는 두 개의 평판 또는 좌석을 가진 삼발이 앵커의 형태이다.
- 구조되는 사람은 좌석의 하나 또는 두 개에 걸터앉아 윗부분(shank)을 팔로 껴안듯이 잡고 있으면 된다.
- 이 장치는 한 번에 두 사람을 들어올리기 위하여 사용될 수 있다.

㉥ 인양신호

- 인양대기 : 양팔을 수평으로 벌리고 주먹을 쥐며, 엄지손가락을 아래로 향한다.
- 인양 : 양팔을 수평 위로 올리고 엄지손가락을 위로 향한다.

2) 구명대에 의한 구조법

조난선과 구조선의 마스트나 또는 육지 사이에 로프를 연결하고 활차를 설치하여 구명대(브리치스 부이 : breeches buoy)를 매달아 조난자를 이송하는 방법이다. 조난선의 동요가 심한 경우 연결 로프가 절단될 우려가 있어 주의하여야 한다. 구명대가 없는 경우에는 의자 또는 두꺼운 판자나 기타 사람이 고정되어 이동할 수 있는 벨트 등을 대용할 수 있다. 이 경우에는 조난자 이송 시 추락을 방지하기 위한 안전벨트를 설치하여야 한다.

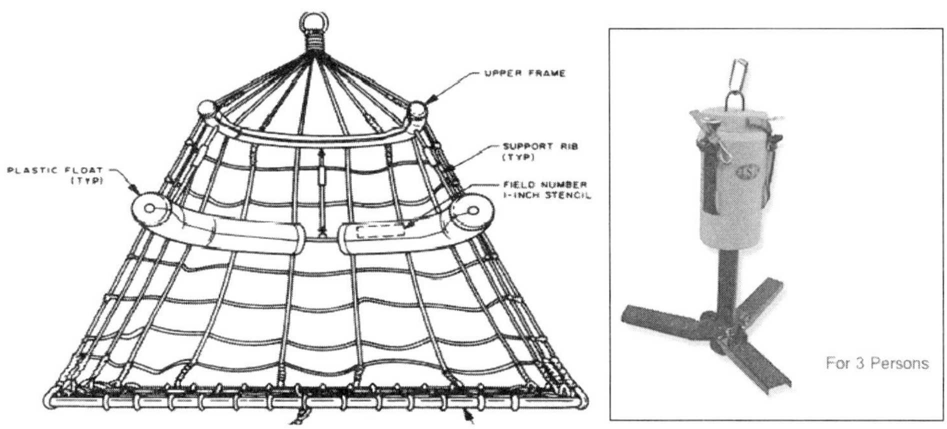

[그림 4-9] 구조그물 및 구조 시트

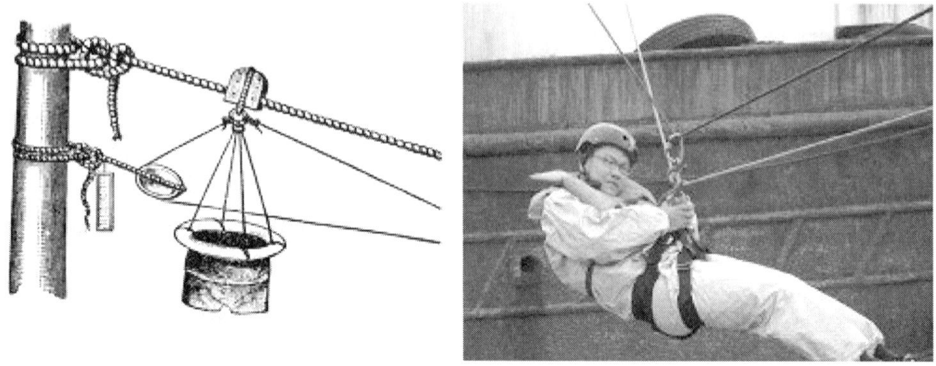

[그림 4-10] 브리치스 부이 및 실제 활용장면

3) 팽창식 구명뗏목, 고무보트, 고속보트에 의한 구조

팽창식 구명뗏목 또는 고무보트, 구명정의 승하강 작업은 풍하 측에서 실시한다. 구명망이 물위에 내려지면 구명정의 추진기가 구명망에 엉킬 수 있으니 구명망은 수면상 10cm 정도로 내려둔다. 구명정이 조난선 선미에 너무 접근하게 되면 조난선의 스크류에 압류되어 손상을 입거나 구조요원들이 부상을 입는 수가 있으므로 각별히 주의한다.

고무보트를 이용 시 파도에 견디는 힘이 약하기 때문에 고무보트 주위에 구명줄을 늘여놓고 로프링을 만들어두며 구조자들의 이동에 따라 보트의 흔들림을 방지하여야 한다.

[그림 4-11] 좌초된 선박과 고무보트를 이용한 인명구조

4.5.3 전복사고에 대한 인명구조활동

(1) 일반적 조치요령

전복상태에서는 완전한 부력상실과 공기의 누설 때문에 침몰하게 되므로 파도와 바람의 영향을 덜 받는 얕은 수심해역으로 이동시켜야 한다.

(2) 상황조사 우선순위

① 장소

② 지리적인 상태의 해상상태(기상, 풍향, 속도, 기온, 해수, 온도, 시정, 파고, 해수의 투명도 등)

③ 선체구조(선형과 톤수, 선체 일반도면, 구획별 선체도면)

④ 선박과 주변의 상황

㉠ 선박의 경사, 롤링, 피칭 등 부력의 변화상태

㉡ 어망과 기타 주변해역의 부유물 상태

⑤ 실종인원 : 실종 인원수, 전복 당시 선원의 위치 등

⑥ 구조작업팀 : 구조팀의 규모와 구조에 참여할 수 있는 구조선박과 항공기수, 잠수요원수, 기중기, 예인선, 항행(조업)선박상태, 수송 및 운송 등의 교통체계

(3) 조 사

1) 사고현장의 상황

사고선박에 접근하면서 사고원인, 기상상태, 해상상태, 항행선박의 상태 등을 조사하며, 전복선박 주변에 부유물이 있는지를 조사 확인한다.

2) 선박에 대한 조사

기상이 악화되었을 때는 조난선을 풍하측에 두고 풍상에서 접근하며 잔잔한 바다상태일 때는 다음과 같다.

① 작업용 단정의 강하가 가능한 상태에서 선박경사와 공기의 누설가능성이 있는 경우에는 부력은 약 30분간 정도로 측정되어 있다.

② 최대부력이 1m를 초과하는 경우에는 선박경사는 그렇게 위험하지 않으므로 조사자는 전복선박의 선저에 올라가서 스턴 튜브로부터 공기의 누설상태를 점검한다.

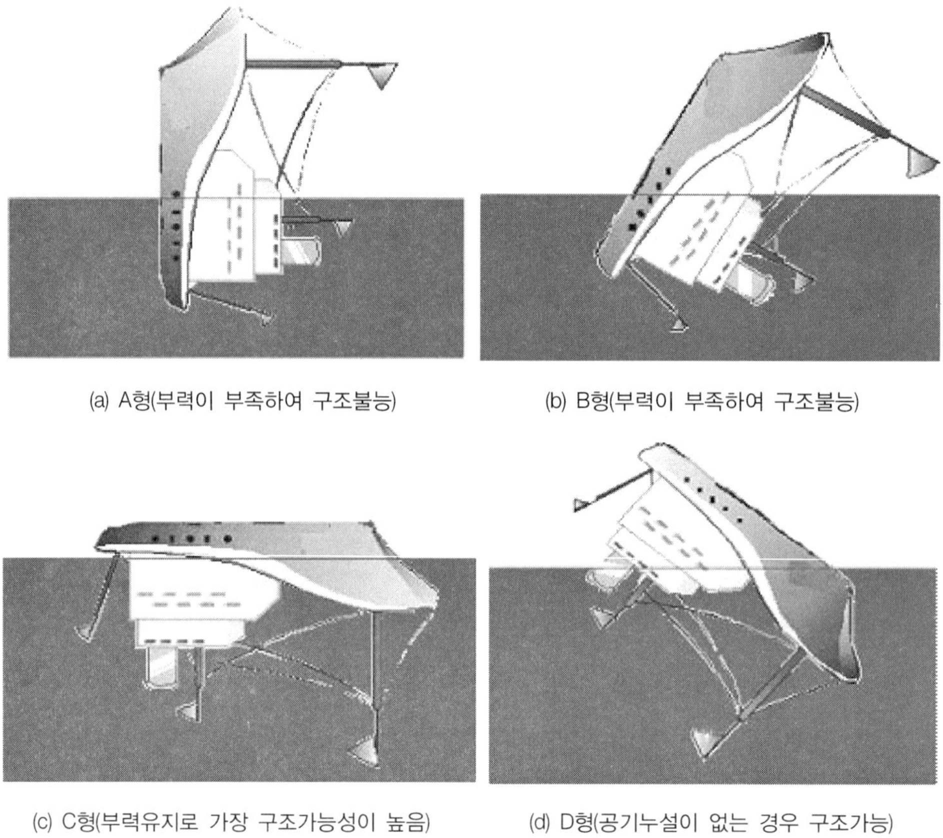

(a) A형(부력이 부족하여 구조불능)

(b) B형(부력이 부족하여 구조불능)

(c) C형(부력유지로 가장 구조가능성이 높음)

(d) D형(공기누설이 없는 경우 구조가능)

[그림 4-12] 전복사고형태와 구조가능성

(4) 생존자 확인

조사자는 작업선(또는 구조선)에서 전복선의 선저위로 이동하여 망치 등으로 선저를 두드려서 생존자의 반응여부를 확인한다. 만일 전복선박의 선저가 단일 선저로 되어 있으면 대형 스피커로 선내를 향하여 질문을 하여도 효과적인 때가 있어서 전복 선내에서 반응을 보이는 수가 있다. 조사자는 선저에 귀를 대고 열심히 청취하면 선내의 소리를 청취할 수 있으며, 이렇게 하면서 선내에 있는 사람과 대화 노력을 계속하여 상태를 확인한다.

(5) 고려사항

선박의 설계도면을 구조작업을 위해 사고현장으로 즉시 보내야 하며, 설계도면을 구하지 못하는 경우는 전복선박과 관련되는 사람을 현장으로 급파하도록 한다. 어선이 전복하였을 경우에는 현장부근에 어망 등이 부유하기 때문에 구조작업 시 신중한 주의가 요망된다. 처음에 선저를 두드려 반응이 없다고 하더라도 매 30분 정도 마다 수회씩 선체를 두드려 반응을 기다리며, 기상이 악화되어도 전복선박 내에는 외부의 소리 중에서도 금속에 충격을 가하는 소리는 들리므로, 선내에 생존자가 있을 때에는 선체충격 소리를 감지할 수 있다는 점에 유의한다.

해면이 비교적 넓을수록 강풍에 의한 해면유동이 급격하며, 이러한 점은 전복선내에 갇혀진 생존자들에게는 대단히 위험한 일이다. 이러한 해면흐름이 3KTS 이상 될 때에는 다이버 등의 조사확인을 위한 잠수 시 신중한 주의를 요한다.

(6) 침몰방지방법

1) 공기누설 방지법

① 스턴튜브 등에서 공기가 누설할 때

㉠ 로프 등을 꼬아서 공기누설 부분에 밀어 넣어 막는다.

㉡ 선저의 제반 튜브로부터 공기가 누설할 때

㉢ 나무쐐기를 박아 넣거나 넝마를 꼬아 튜브 속에 넣고 나무쐐기를 박는다.

② 균열부분에 공기가 누설할 때 : 나무 또는 철쐐기를 박아 넣는다.

2) 현측 지지법

① 두 척의 선박이 현측 감싸기 : 두 척의 선박이 전복선박 밑으로 와이어 로프를 신출시켜 전복선을 감싸고 적당한 거리를 유지하는 방법

② 한척의 선박이 현측 감싸기 : 선박 한척이 선수방향에서 전복선을 와이어로 감싸서 달아매는 방법

3) 공기주입법(가장 간편하고 확실한 방법)

공기주입용 드라이브핀을 선저에 박아서 호스를 드라이브 핀에 고정시키고 공

기를 주입시킨다. 잠수요원이 잠수하여 선박의 하부 개구부를 통하여 공기 호스를 고정시키고 공기를 주입한다.

(7) 인명구조

1) 생명연장 작업실시

규칙적으로 선체를 두드려 구조작업이 계속되고 있음을 알리며, 공기호스나 공기탱크로 신선한 공기를 공급한다.

2) 선저의 개구부 등을 통한 구조

절단에 의한 개방된 구획은 작은 부분이어야 한다. 클 경우에는 부력상실로 침몰 위험성이 있기 때문이다. 구획에 의해 지지되는 부력의 부분은 반드시 현측 감싸기, 부대고정, 해상 크레인 지지 등을 한 후 개방시킨다. 생존자에게 알려 줄 사항은 다음과 같다.

① 절단장소 바로 밑에서 다른 곳으로 이동하도록 한다.

② 스파크 불꽃에 의한 화상 가능성으로부터 보호하도록 한다.

③ 눈을 보호한다.

④ 위급 시 교신방법(선체 두드리기 등)을 알린다.

㉠ 개방 : 가스절단기, 기관절단기, 제트추진식 등으로 탱크, 파이프, 늑골이 없는 곳의 단일 선저판을 60cm×60cm의 넓이로 절개한다.

㉡ 구 조

- 절단한 곳은 처음에는 매우 뜨겁기 때문에 절개 부분을 물 등으로 냉각시킨 후 사람을 밖으로 꺼내 올려 구조한다.
- 생존자는 갑작스러운 밝은 빛을 보면 맹목현상이 일어나므로 눈을 덮어 보호한다.

3) 잠수요원에 의한 구조

① 전복선박 내 접근방법

㉠ 침몰가능성 판단

- 전복선박의 선수, 선미평균 흘수의 1/5 이상의 부력이 있는가를 조사 후 그 다음 공기누설 개소는 없는가, 30분간 흘수변화는 없는가를 살핀다.
- 현측 감싸기, 또는 부대고정법 등으로 충분히 부력을 보강한다.
- 선박을 가능한 얕은 수심으로 예인하여 승양시켜 침몰 시 위험을 감소시킨다. 그런 다음 선체의 롤링, 피칭에도 선체 밖으로 공기가 누설되지 않은 구획으로 잠수한다.

ⓛ 다이버의 위험성 판단

- 잠수작업에 방해가 되는 어망이나 기타 부유물의 유무를 확인한다.
- 유독물질이 없는가를 확인한다.
- 선체의 롤링과 피칭이 잠수에 영향을 주는가를 확인한다.
- 다이버가 해면으로 솟아 오를 때에는 안전하게 올라올 수 있도록 장치를 강구한다.

② 선체 내의 구조

㉠ 선체 내로 진입준비

ⓛ 진입착수 가능성 판단

ⓒ 선내상태 등 잠수 정보파악

ⓔ 연락요원 배치

ⓜ 선내수색

- 잠수요원은 안내줄의 한쪽 끝을 잡고 들어가며, 전복선박 위에 있는 다른 잠수요원이 그 한쪽 끝을 잡는다.
- 수색하는 장소에서 장애물이 낙하하거나 움직이면 그것을 선체 밖으로 꺼내고 수색을 계속 한다.
- 수색에 있어서는 수직방향과 수평방향으로 각각 실시한다.

ⓑ 구 조

- 생존자가 발견되면 안내줄과 도움줄로 그들을 고정시키고 잠수장비를 착용시킨 후 호흡 가능성을 확인한다.
- 천천히 생존자의 몸을 붙잡고 수면 위로 부상한다.

③ 구조 후의 대책

㉠ 생존자를 담요 등으로 감싼 다음 전신 마사지를 실시하여 몸을 따뜻하게

하고 혈액순환을 촉진시킨다.

㉡ 직접 광선으로부터 눈을 보호하기 위하여 검은 천으로 눈을 보호한다.

㉢ 구호소에 옮기고 나서 주변을 정숙하게 한다.

㉣ 가능한 신속하게 신체 이상유무를 검사한다.

4.5.4 화재사고에 대한 인명구조활동

(1) 일반적 조치요령

① 화재가 발생하면 선박의 항행을 멈추고 화재현장이 풍하측에 오도록 조선한다.

② 승선원은 선장의 지시에 따라 민첩한 행동과 지정된 위치로 신속하게 이동한다.

③ 각자는 지정된 규정의 장비를 휴대하고 구두와 긴 소매옷, 젖은 수건, 모자 등을 착용한다.

④ 현장작업원은 허리에 구명줄을 매도록 하고 그 끝에는 인원을 배치하여 안전을 도모한다.

⑤ 항상 최악의 상황을 가상하여 대비책을 세우며, 항상 인명을 최우선하여 전 선원은 임의사고에 대비한다.

⑥ 폭발을 동반하는 화재 시 폭발물이 저장된 장소에는 신속하게 물을 쏟아 부어주며 가능하면 바다로 투기하는 것이 좋다.

(2) 사고상황조사

화재선박의 상태에 따라 인명피해 가능성을 예상하며 신속정확하게 현황을 확인함과 동시에 전격적으로 수행되어야 하며, 상황조사 우선순위는 다음과 같다.

① 화재의 유형, 발화장소, 화재상태

② 인명피해 여부

③ 유독가스나 폭발성 가스 적재 여부

④ 타 선박으로 화재전파 또는 육상의 인접시설물로 화재전파 여부

⑤ 부수적으로 발생되는 재난가능성

(3) 인명구조방법

1) 구조방법

① 화재가 발생된 격실로부터 탈출한 사람을 확인하여 그에게 격실 내부에 사람의 존재 여부를 탐문한다.

② 화재가 발생된 격실 인근의 목격자를 탐문한다.

③ 소화수가 화재선박에 진입할 때에는 입구에서부터 몸에 로프를 매어 계속 풀어준다.

2) 고려할 사항

① 인명구호활동을 벌이는 동안 항상 선원의 상태를 파악하고 전체 상황을 장악하고 있어야 한다.

② 선박 내 탐색 시에는 우발적인 상황이 발생하는 것에 대비한다.

③ 구조팀이 화재선박 내로 진입 시에는 연락방법을 사전에 강구한다.

4.5.5 침수사고에 대한 인명구조활동

(1) 일반적 조치요령

① 파공개소와 침수량의 조사한다.

② 육안으로 보이는 파공 가장자리에 물감(페인트도 유용)을 풀어서 선내로 침투되는 것을 조사한다.

③ 신속한 배수작업을 실시한다.

④ 선박이 침수에 의하여 경사하게 되면 침수는 더욱 증가하게 되므로 연료, 청수, 평형수(물 밸러스트) 등을 옮겨 경사를 조절, 부력을 유지한다.

⑤ 침수로 인한 경사에 대비하여 구명정 하강훈련을 평소에 실시한다.

(2) 구조작업 우선순위

① 침수개소를 파악하고 목제플러그, 취침용 매트, 후크볼트, 판자, 배수펌프, 콤프레서 수중용접기 등의 장비로 침수량을 조절한다.

② 선박내 침수된 해수를 배수펌프로 배출시키거나 압축공기를 이용하여 해수 침입방지 등 방수작업을 실시한다.

③ 여러 개소의 구획에서 동시에 침수되는 경우에는 각 침수개소를 배수시켜 부력을 유지시킨다.

(3) 파공개소 방수조치방법

① 파공개소가 작을 때에는 넝마, 섬유로프, 모포 등으로 메우는 것이 좋으며, 비교적 넓은 개소에는 나무쐐기를 박는다.

② 작은 균열개소는 나무플러그나 시멘트로 메워준다. 나무 플러그를 박을 때에는 앞서와 같이 모포, 캔버스를 말아서 박아도 효과적이다.

(4) 배수작업 시 유의사항

① 각종 펌프를 이용한 배수작업은 가장 보편적인 배수방법이다.

② 조난선에 설치된 동력펌프는 가끔 선박이 경사된 경우는 작동효과가 없거나, 경우에 따라서는 배수호스가 적어서 배출되지 않는다.

③ 해수의 흡입구 외부를 철망으로 감싸 이물질이 빨려오지 않도록 한다.

④ 여러 개소의 구획에서 동시에 침수되는 경우에는 각 침수개소를 배수시켜 부력을 유지시켜야 한다.

⑤ 기상이 악화되면 롤링과 피칭이 심하게 되고 유동수의 효과로 경사가 더욱 심해지고 전복위험성도 있어 선박안전성이 감소된다. 따라서 가능하면 동시에 각 개소의 해수를 배출시켜서 유동수의 영향을 최소화하는 것이 필요하다.

(5) 인명구조 시 유의사항

① 선박이 침수, 전복될 시 긴급구조 신호를 보내 주변선박이 우선 구조하도록 하여야 한다.

② 구조대 구조작업 시 신속·효율적 방법으로 인명을 최우선 구조한다.

4.5.6 실종자 휴대폰 위치추적

(1) 위치정보조회 관련 법령

〈표 4-6〉 위치정보조회 관련 법령

위치정보의 보호 및 이용 등에 관한 법률
제29조(긴급구조를 위한 개인위치정보 이용) : 긴급구조기관(해양경비안전본부, 소방청)은 급박한 위험으로부터 생명·신체를 보호하기 위하여 **개인위치정보 주체(본인), 개인위치정보 주체의 배우자, 2촌 이내의 친족 또는 후견인의 긴급구조요청**이 있는 경우 상황판단하여 개인위치정보 조회가 가능하다. 제29조2항 : 개인위치정보 조회요청은 긴급전화 122, 119로 접수건만 가능 제29조4항 : 통신사는 조회정보 제공사실을 개인위치정보 주체에게 즉시 통보 제43조2항 : 허위로 긴급구조 요청하여 개인위치정보를 요청한 자 1천만원이하 과태료 부과
위치정보의 보호 및 이용 등에 관한 법률 시행령
제30조의 2 : 긴급구조기관은 위치정보 접속기록, 위치정보 요청자, 요청일시를 기록 보관하여야 한다.
통신비밀 보호법
제13조(통신사실확인자료 제공요청) : 검사 또는 사법경찰관은 **수사 또는 형의 집행을 위하여 법원에 허가를** 얻은 후 통신사업자에게 위치정보 등 자료제출 명령 → 통신비밀보호법은 수사 또는 형의 집행에 필요한 경우만 위치추적 가능하며 실종자 수색 등에는 불가

※ 소방방재청의 경우 개인위치조회 관련, 자체 내부 규정 (이동전화 위치정보 관리지침)이 마련

(2) 위치추적 대상에 따른 구분

〈표 4-7〉 위치추적 대상에 따른 구분

구분	내용
신고자 위치추적	긴급신고전화 122, 119로 전화한 발신자(재난당사자 또는 재난목격자) 본인의 위치추적 • 해양경비안전본부 : 해양사고 또는 범죄신고 여부를 확인한 후 해양사고인 경우에만 조회 가능 • 소방방재청 : 발신자 위치정보 자동조회
제3자 위치추적	122, 119를 통해 신고자 본인의 2촌 이내 가족이 위험에 처한 경우 긴급구조목적으로 제3자(가족) 위치추적 • 해양경비안전본부 : 기지국 추적만 가능(시스템 개선 시 GPS 추적 가능) • 소방방재청 : 기지국 추적 또는 GPS 추적 가능

〈표 4-8〉 통화연결음에 따른 휴대폰 상태

① 정상적인 상태	**1분간 신호음** 울린 후 음성 메시지 전환
② 의도적으로 전원을 OFF한 경우	전원이 꺼져 있다는 안내 음성 메시지
③ 배터리가 없거나 휴대폰이 물에 빠진 경우, 수신불가 지역에 위치	• **27초간 신호음** 울린 후 음성 메시지 전환 • 상대편과 통화를 시도하면 상대편의 휴대폰이 위치하고 있는 기지국에서 연결신호를 전송하나 상대 휴대폰에서 응답신호가 기지국으로 27초간 미수신될 경우 자동 차단

(3) 신고자 위치추적

연안해상 등에서 조난을 당한 신고자 본인의 정확한 위치를 모를 경우 이용한다.

〈표 4-9〉 신고자 위치추적

① 신고자	신고자 본인이 휴대폰으로 “122” 신고전화 발신 ※ 법률상 122신고전화로 접수된 건만 조회가능
② 해양경비 안전본부 상황실	• 시스템 접수 시 ‘해양사고’ 또는 ‘해양오염’ 선택 시 추적가능 • 추적 방식을 ‘기지국’ 또는 ‘GPS’ 선택 • ‘추적요청’ 버튼 클릭 ※ 위치추적은 반드시 본인이 동의한 경우에만 실시
③ 해양경비 안전본부 IT 관제실	해양경비안전본부 IT 관제실 서버를 통해 해당 통신사에 위치정보 자동요청
④ 이동통신사	• 해당 휴대폰과 가장 가까운 기지국 위치나 GPS 위치조회 • 해양경비안전본부 서버로 기지국 또는 GPS(X, Y) 좌표 송신 • 조회 당사자 휴대폰으로 ‘긴급구난을 위해 고객님의 위치를 해양경비안전본부에 전송~’ 문자 메시지 발송
⑤ 해양경비 안전본부 상황실	상황관제 시스템에 조회된 위치정보전시(기지국 위치표시 및 기지국 위·경도 좌표와 ㅇㅇ시 ㅇㅇ동까지 전시) 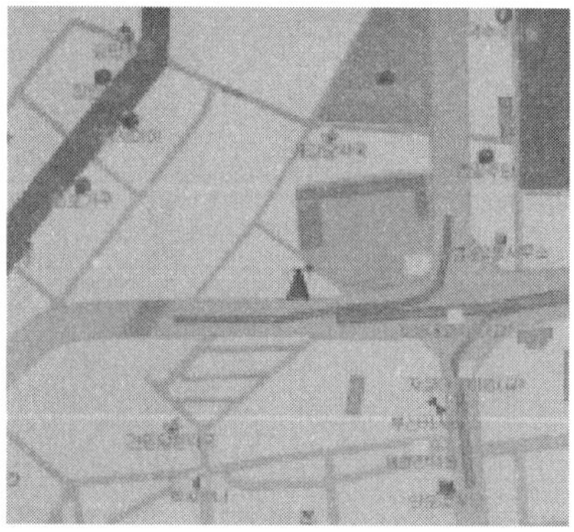

(4) 제3자 위치추적

조난자(제3자)의 2촌 이내 가족요청으로 위치를 조회하는 경우 사용

〈표 4-10〉 제3자의 위치추적

① 해양경비 안전본부 상황실	상황전문으로 해양경비안전본부 상황실에 요청(3자추적은 해양경비안전본부만 가능) ※ 실종자의 2촌 이내 가족의 동의 필요 ※ 확인사항 및 요청절차 등 상세사항 별도 설명
② 해양경비 안전본부 상황실	• 시스템에서 '3자추적' 클릭 후 조회대상 휴대전화번호 입력 • **해양경비안전본부은 '기지국' 추적만 가능**(소방청의 경우 GPS 추적가능)
③ 해양경비 안전본부 IT 관제실	해양경비안전본부 IT 관제실 서버를 통해 해당 통신사에 위치정보 자동요청
④ 이동 통신사	• 해당 휴대폰과 가장 가까운 기지국 위치조회 • 해양경비안전본부 서버로 기지국 좌표 송신 • 조회 당사자 휴대폰으로 '긴급구난을 위해 고객님의 위치를 해양경비안전본부에 전송~' 문자 메시지 발송
⑤ 해양경비 안전본부 상황실	상황관제 시스템에 조회된 위치정보전시(기지국 위치표시 및 기지국 위·경도 좌표와 ㅇㅇ시ㅇㅇ동 까지 전시) 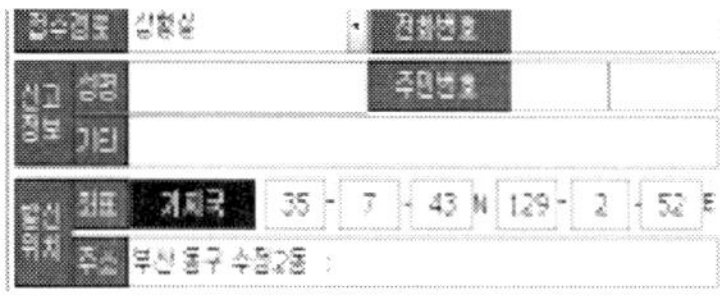

(5) 위치정보 수집방식

〈표 4-11〉 위치정보 수집방식

구 분	특징 및 기술	개념도
CELL-ID	• 단말기가 통화하는 기지국의 위치정보를 이용 • 기지국의 통신반경을 셀이라 표현, 휴대전화 위치를 잡고 있는 셀의 기지국을 고유 식별부호 표시 • CDMA 통신방식의 표준 규격 • 기지국 반경에 따라 오차범위가 큼	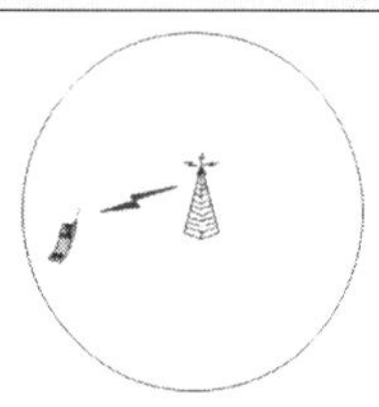
GPS	• 3개 이상 GPS 위성을 이용한 위치확인 • 휴대폰에 GPS 위치수신 명령, 좌표값 인근 기지국 송신 • 아이폰 등 일부 외산폰은 국내 통신규격과 달라 GPS 위치추적 불가	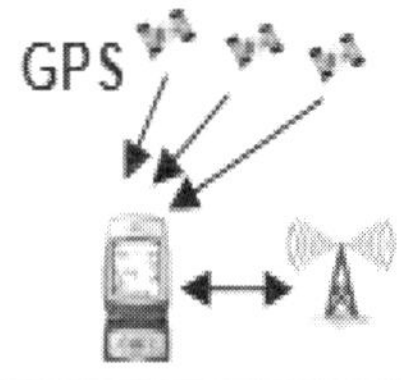

〈표 4-12〉 위치조회 조건 및 정확도

구 분	위치조회 조건	위치정확도	소요시간
CELL-ID	• 단말기가 기지국 Cell 범위 내에 위치 • 위치수신 불가 시, 최종 수신 기지국 조회	500m(도심) ~5km(시외)	1~3초
GPS	• 휴대폰 GPS를 "ON" 상태에서만 가능 • 건물 내에서는 GPS 추적 불가 • 통화가능 구역 내 위치해야 GPS 추적가능	30~100m	25초 내외

(6) 통신사 위치조회경로

① 해양경비안전본부 IT 관제실 위치정보 서버에서 휴대전화번호 해당 통신사를 자동 인식하여 조회요청 신호발신

㉠ 시그널 신호유형 : 000269 01011 또는 000269 01021

> 000269 → 파트너 ID(해양경비안전본부 고유번호)
> 01011 → Cell 조회요청(기지국 조회)
> 01021 → Cell or GPS 조회요청(기지국 또는 휴대전화 GPS 위치조회)

㉡ 1건당 정보조회 이용료 30원, 통신사에서 해양경비안전본부에 과금

② 이동통신사 교환기(MSC)에서 제어기(BSC)에 해당 휴대전화 위치기지국(BTS) 탐색명령

③ 해당 기지국 위치를 역순으로 전달하여 해양경비안전본부(IT 관제실) 경유, 상황실 122상황관제시스템에 전시 : 조회요청부터 결과값 전시까지 1~3초 소요

④ 만약 휴대폰 전원이 OFF상태이거나 기지국 전파 수신범위에서 이탈 등 비정상적인 경우 최종적으로 휴대전화 위치신호를 잡고 있던 최종기지국(BTS)값을 제어기(BSC)에서 2~3일간 저장

⑤ 최종적으로 음성통화가 이루어진 경우 기지국 정보를 최대 1년간 저장

(7) 이동전화 위치정보의 기술적 한계

〈표 4-13〉 이동전화 위치정보의 기술적 한계

구 분	내 용
기지국 기반의 위치정보	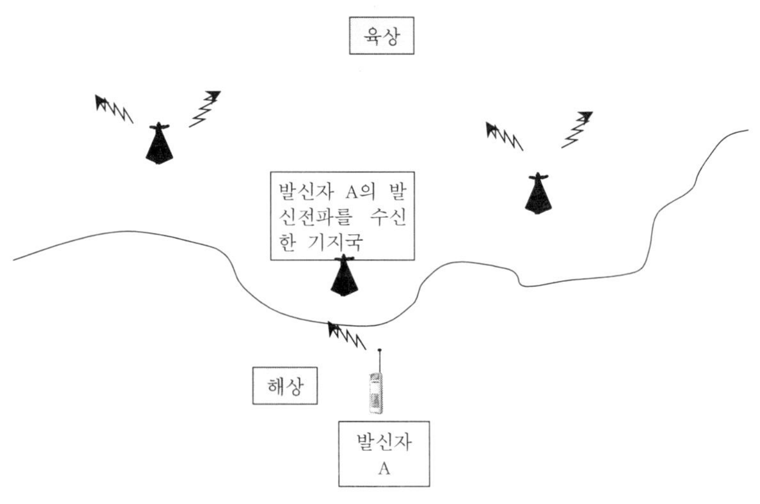 • 발신자 A의 위치는 가장 가까운 거리에 있는 기지국 위치가 표시되어 발신자의 정확한 위치파악 불가 • 발신자 A가 통화권 이탈하여 원해로 이동한 경우에는 최종 전파 수신한 기지국 위치를 제공(2~3일간) • 기지국 간의 거리 차이에 따라 오차범위가 큼
GPS 기반의 위치정보	• 삼성 갤럭시폰 등 GPS 칩이 내장된 국산 휴대폰에 한하여 GPS 기반의 정확한 위치정보조회 가능 • 통화 중에도 조회가능하나 해상에서 통화가능 구역 내 있어야 GPS 위치조회 명령 수행가능 • 기지국과 연결이 되지 못하면 일반 휴대폰과 동일한 Cell-ID 방식으로 자동추적

4.6 해상조난 통신장비

4.6.1 해상조난 통신장비의 개요

(1) 대상 선박

① 국제항해에 취항하는 여객선

② 국제항해에 취항하는 총톤수 300톤 이상의 선박

(2) 통신장비 구비내용

① 국제협약에 의한 선박자동식별장치

② 연안선박용 선박자동식별장치

③ 자동으로 위치를 발신할 수 있는 기능을 가진 VHF 무선장치

④ 자동으로 위치를 발신할 수 있는 기능을 가진 MF / HF 무선장치

⑤ 위성통신장치

(3) 조난 통신장비

〈표 4-14〉 조난 통신장비

<table>
<tr><th colspan="2">종 류</th><th>통달거리</th><th>운용 / 작동방법</th></tr>
<tr><td rowspan="2">무선통신</td><td>VHF</td><td>20~30마일</td><td rowspan="2">• 양방향 무선전화
• 원터치 스위치 이용
– 선박위치, 제원 자동 송신</td></tr>
<tr><td>MF / HF</td><td>100~120마일</td></tr>
<tr><td rowspan="2">위성체계</td><td>INMARSAT C
(국제해사위성)</td><td>전세계</td><td>• 원터치 스위치 이용 송신
– 선박위치, 제원 자동 송신</td></tr>
<tr><td>EPIRB
(비상위치지시기)</td><td>전세계</td><td>• 선체 외부에 설치
• 선박침몰 시 자동 부상, 위치 송신
– 수심 3~4m 수압에 의해 부상
• 국가별 위성조난수신국에 접수</td></tr>
<tr><td colspan="2">DSC(디지털 선택호출기)</td><td>40~50마일</td><td>• 조타실 내부에 설치
• 원터치 스위치 이용 송신
* VHF, MF / HF 통신장비에 부착 / 연동 사용</td></tr>
<tr><td colspan="2">SART(조난신호발신기)</td><td>8마일</td><td>• 수면에 부상, 신호 송신
• 소형 구명정, 고무보트 등에서 사용</td></tr>
</table>

4.6.2 GMDSS 개요

세계해상조난안전제도(GMDSS : Global Maritime Distress and Safety System)는 무선통신에 디지털 위성통신기술을 도입하여 전세계 해상에서 조난신호의 자동 송수신, 수색 · 구조 및 항해안전정보를 제공하는 시스템으로 그 근거는 해상인명안전협약(SOLAS)이며 시행일은 1999년 2월 1일 전면시행하고 있다.

(1) GMDSS상 해역의 구분

1) A1 해역

계속적인 디지털 선택호출기(DSC : Digital Selective Calling) 경보를 이용할 수 있는 VHF 해안국의 무선전화 통신범위 내의 해역(연안으로부터 약 20~30마일 내외)이다.

2) A2 해역

계속적인 DSC 경보를 이용할 수 있는 MF 해안국의 무선전화 통신범위 내의 해역(연안으로부터 약 100~120마일 내외)이다.

3) A3 해역

계속적인 경보를 이용할 수 있는 Inmarsat 정지위성 통신범위 내의 해역(남북위 70도 이내)이다.

4) A4 해역

A1, A2, A3 해역을 제외한 해역(남극, 북극)이다.

(2) 적용선박 및 GMDSS 설비

국제항해에 종사하는 여객선 및 총톤수 300톤 이상의 선박이다.

---

* INMARSAT (International Maritime Satellite) : 국제해사위성
  DSC (Digital Selective Calling) : 디지털 선택호출기
  SART (Search & Rescue Transponder) : 조난신호발신기

〈표 4-15〉 해역별 GMDSS 설비요건

해역 \ 설비	VHF 무선전화	MF 무선전화	MF / HF 무선전화	해상 교통방송 수신기	INMARSAT 선박지구국	EPIRB	레이더 트랜스폰더 (2대)	휴대용 VHF무선 전화(3대)
A1 해역	○			○		○	○	○
A2 해역	○	○		○		○	○	○
A3 해역	○		○	○	○	○	○	○
A4 해역	○		○	○		○	○	○

* 국제해사위성(INMARSAT : International Maritime Satellite)

- 해상에서 조난 및 무선통신을 위하여 〈국제해사위성기구협약〉에 의거 설치된 해사통신위성
- 선박에 송수신기를 탑재하여 전화 · 팩스 · 텔렉스 · 데이터 통신 가능

(3) 해양안전종합정보시스템 체계

해양안전종합정보시스템(GICOMS : General Information Center on Maritime Safety and Security)은 해상 안전 · 보안확보 및 환경보호를 목적으로 세계 전해역에 항해 중인 우리나라 선박의 위치를 추적, 전자해도에 표시하는 시스템으로 해양수산 관

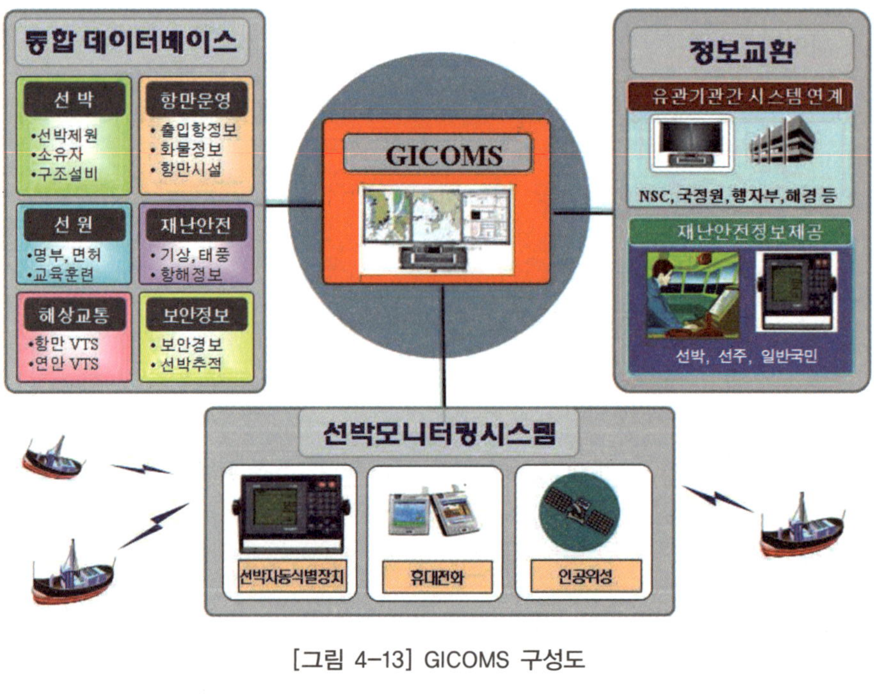

[그림 4-13] GICOMS 구성도

련 기관에서 관리 · 운영하고 있는 해상교통, 수색구조, 해양기상 등 해양안전/재난 관련 정보(33개)를 통합하여 국정원 · 해양경비안전본부 · 소방방재청 등 국가위기 관리기관과 연계 · 공동 활용하는 해양안전종합관리 시스템이다.

4.7 선위통보제도

4.7.1 선위통보제도 개요

선위통보제도란 선박의 정기적 항행일정을 통보함으로서 안전확인 및 조난 시 신속하고 효과적인 구조활동을 하기 위한 제도이다.

[그림 4-14] 각국의 선위통보제도

우리나라는 1998년 8월 1일 운영을 개시하였으며, 우리나라에서 선위통보제도의 법적 근거는 「해상수색 및 구조에 관한 국제협약」 제6장(선위통보제도), 「수난구호법」 제18조(선위통보), 「수난구호법 시행규칙」, 선위통보해역 및 선위통보방법 · 주파수에 관한 고시를 통하여 제도를 운용하고 있다.

4.7.2 선위통보제도의 종류

(1) AMVER

1) 목 적

해양에서 비상사태가 발생하였을 때에 신속하게 구조활동을 실시하는 선박의 위치통보제도를 말한다. AMVER는 'Automated Mutual assistance Vessel Rescue system'의 머리글자를 따서 만든 약칭이다. 1912년 TITANIC호의 해양사고 이후 안전의식에 변화가 생긴 미국과 일부 해운회사들은 조난선 주위에 있는 선박 간의 상호 위치확인을 통하여 조난선에 도움을 줄 수 있는 선위통보제도(Ship Reporting System)의 아이디어에 착안하게 되었다.

2) 대상 해역

1958년 7월 18일 정식으로 도입하여 북대서양에 한정하여 운영하게 되었고, 이후 그 서비스 구역이 점점 동대서양, 지중해 해역으로 확대되어 마침내 1971년부터 전 지구를 커버하게 되었다.

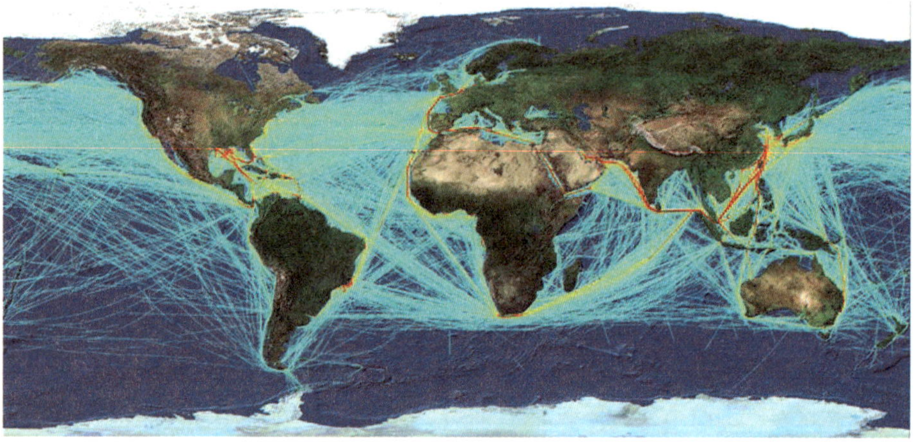

- Red Cells : The monthly plot totaled over 50 vessels
- Orange Cells : The monthly plot totaled between 15 and 49 vessels
- Green Cells : The monthly plot totaled between 5 and 14 vessels
- Blue Cells : The monthly plot totaled 4 or fewer vessels
- Empty Cells : No vessels

[그림 4-15] AMVER Density Plot

3) 관리 및 참여국

미국 연안경비대(US Coast Guard)가 관리하고 있으며, 1958년 발족하여 현재 참가하고 있는 선박의 국적은 약 80개국을 넘어서고 있다.

① 항해시간 24시간 이상의 총톤수 1,000톤 이상인 모든 국적의 상선

② 정기여객선, 해양탐사선 및 수산물 가공선

4) 참여절차

미국 연안경비대가 관리하고 있는 이 제도에 가입하는 것은 임의이고, 출항할 때에 앰버센터에 선명과 항해계획 등을 통보하기만 하면 이 시스템에 가입하는 것이 된다. 출항한 후에는 위도 또는 경도가 15° 변하는 정도의 간격으로 위치를 통보하며 입항 직전에도 통보한다.

앰버센터에 통보된 데이터는 컴퓨터에 입력이 되어 다음의 위치가 보고될 때까지는 컴퓨터가 항상 추측선위를 계산하고 있다. 선박이 구원을 청하는 경우에는 앰버센터의 컴퓨터로부터 가까이에서 항해하고 있는 다른 선박의 위치와 그 선박에 의사가 승선하고 있는지의 여부 등 정보를 입수할 수가 있으며 이 데이터는 해상의 안전을 위해서만 사용된다.

5) AMBER Reports

AMBER Report의 기본형식은 IMO STANDARD 형식을 따른다. 모든 보고는 슬러시(/)로 시작하고, 보고형식(SP, PR, DR, FR)을 통보하고 끝에 슬러시 두 개를(//) 붙인다. 나머지 각 라인은 종류를 식별하기 위해 슬러시(/) 뒤에 특정 문자로 시작하며, 각 줄의 정보는 슬러시(/)로 구분한다. 각 행은 더블 슬러시(//)로 끝나며 모든 보고서는 'Z'로 표시한다.

〈표 4-16〉 IMO Standard for AMBER Reports

AMVER / DR //	
A /	Vessel Name / International Radio Call Sign //
B /	Time (as of position in C or G) //
C /	Latitude / Longitude (as of time in B) //
E /	Current Course(as of time in B) //

AMVER / DR //	
F /	Estimated Average Speed(for remainder of voyage) //
G /	Port of Departure / Latitude / Longitude //
I /	Destination / Latitude / Longitude / Estimated Time of Arrival //
K /	Port of Arrival / Latitude / Longitude / Time of Arrival //
L /	Navigation Method / Leg Speed / Latitude / Longitude / Port / ETA / ETD //
M /	Coastal Radio Station or Satellite Number / Next Radio Station //
V /	Medical Personnel //
X /	Remarks //
Y /	Relay Instructions //
Z /	End Of Report(EOR) //

6) 통보상황 및 예시

AMVER 통보상황 예시를 살펴보면 〈표 4-17〉과 같다.

〈표 4-17〉 AMVER 통보상황 및 예시

항해계획 : Sailing Plan(SP) 목적 : 선박의 위치를 추정하기 위한 기본정보	AMVER / SP // A / VESSEL NAME / CALL SIGN // B / 240620Z MAR // E / 045 // F / 198 // G / TOKYO / 3536N / 13946E // I / LOS ANGELES / 3343N / 11817W / 031300Z APR // L / RL / 190 / 3448N / 13954E / NOJIMASAKI / 240850Z // L / GC / 210 / 4200N / 18000E / 280400Z / L / RL / 200 / 4200N / 16000W / 300030Z / L / GC / 188 / 3422N / 12047W / 030500Z APR // L / RL / 161 // M / JCS // V / NONE // X / NEXT REPORT 250800Z // Y / JASREP / MAREP // Z / EOR //

위치통보 : Position Report(PR) 목적 : 항해계획에 입력된 선위가 정확한 것인지 여부 확인을 위한 정보	AMVER / PR // A / VESSEL NAME / CALL SIGN // B / 281330Z NOV // C / 4200N / 17544W // E / 090 // F / 200 // I / LOS ANGELES / 3343N / 11817W / 031300Z DEC // M / NMC // Y / MAREP // Z / EOR //
변경통보 : Deviation Report(DR) 목적 : 항해정보에 변동이 생긴 경우	AMVER / DR // A / VESSEL NAME / CALL SIGN // B / 291200Z NOV // C / 4200N / 16654W // E / 090 // F / 175 // I / LOS ANGELES / 3343N / 12047W / 040100Z DEC // X / REDUCED SPEED DUE TO WEATHER // Y / MAREP // Z / EOR //
최종 통보 : Final Arrival Report(FR) 목적 : 선위통보제도의 참가를 끝내기 위한 정보	AMVER / FR // A / VESSEL NAME / CALL SIGN // K / LOS ANGELES / 3343N / 12047W / 032200Z // Y / MAREP // Z / EOR //

AMVER/________________//
Report type

A/________________/________________//
Vessel name / Call sign

B/________________//
Time

C/________________/________________//
Latitude / Longitude

E/________________//
Course

F/________________//
Speed

G/________________/________________/________________//
Port / Latitude / Longitude

I/________________/________________/________________/________________//
Port / Latitude / Longitude / Time

K/________________/________________/________________/________________//
Port / Latitude / Longitude / Time

L/________________/________________/________________/________________/________________//
Method / Speed / Latitude / Longitude / Time

L/____________/____________/____________/____________/____________//
Method / Speed / Latitude / Longitude / Time

L/____________/____________/____________/____________/____________//
Method / Speed / Latitude / Longitude / Time

M/____________________//
Radio Guard

V/____________________//
Medical

X/____________________//
Comments

Y/____________________//
Comments

Z/EOR//

List of Required and Optional Line Entries

SAILING PLAN REPORT
- Required: AMVER/SP// A,B,E,F,G,I,L,Z
- Optional: M,V,X,Y

POSITION REPORT
- Required: AMVER/PR// A,B,C,E,F,Z
- Optional: I,M,X,Y

ARRIVAL REPORT
- Required: AMVER/FR// A,K,Z
- Optional: X,Y

DEVIATION REPORT
- Required: AMVER/DR// A,B,C,E,F,Z (I and L are also required for destination or route changes)
- Optional: M,X,Y

AMVER

United States Coast Guard
Amver Maritime Relations Office
USCG Battery Park Building
1 South Street, 2nd Floor
New York, New York 10004-1499
Telephone (212) 668-7762/64
Telefax (212) 668-7684
Telex 127594 AMVERNYK
amverinfo@d1.uscg.mil
Computer Operations Hotline (304) 264-2500

[그림 4-16] AMBER 보고양식

(2) KOSREP(KOREA Ship Reporting System)

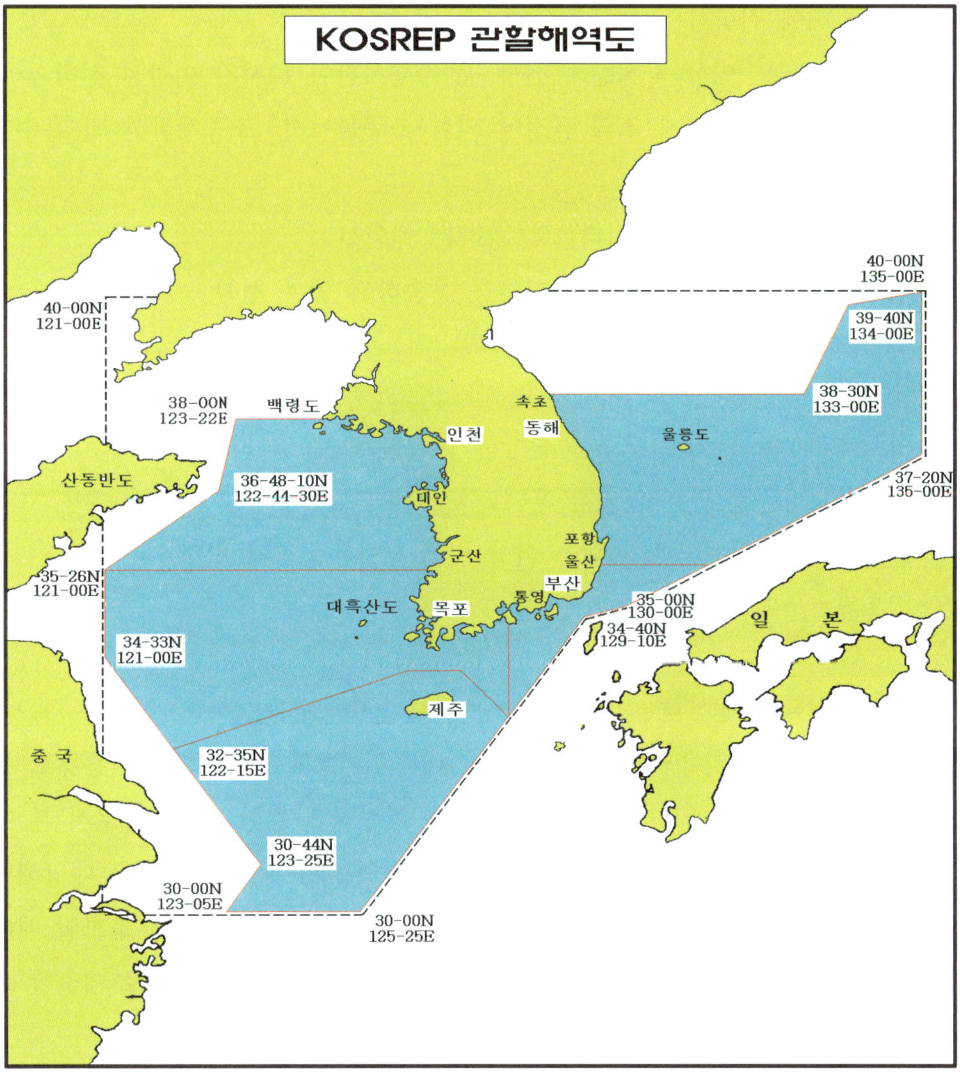

[그림 4-17] KOSREP 관할해역도

1) 목 적

선박의 안전운항관리와 해난사고발생 시 항해선박의 조난자에 대한 원조제공 조치 등 수색구조 임무를 신속하고 효과적으로 수행하기 위해 제정하였다.

2) 대상 해역

북위 30° 이북 및 북위 40° 이남과 동경 121° 이동 및 동경 135° 이서 지역

3) 우리나라 선위통보제도의 대상 선박

① 국제항해에 취항하는 여객선

② 총톤수 300톤 이상 국제항해 선박 중 항행시간이 12시간 이상인 선박

③ 「해상교통안전법」 제2조의 규정에 의한 조종불능선 · 조종제한선 및 홀수제약선

④ 예인선열의 길이가 200미터를 초과하는 예인선

⑤ 원유, 제품류, 케미칼 등 위험화물을 운송하고 있는 선박

4) 선위통보방법의 종류

① 항해계획 : 항구 또는 포구를 출항하기 직전 또는 그 직후

② 위치통보 : 출항 또는 입역한 후 12시간 간격

③ 변경통보 : 예정위치가 25해리 이상 벗어나거나 목적지 변경 시

④ 최종통보 : 목적항 도착하기 직전 또는 도착 후

5) 종류에 따른 상세 내용

선위통보제도에서 사용되는 통보는 항해계획, 위치통보, 변경통보, 최종통보 등으로 구성되는데, 항해계획이란 선박의 위치를 추정하기 위한 기본정보로서 본 제도에 참가할 때에 통보하는 것이므로 대상해역 내의 항구에서 출항 또는 대상해역 내로 입항할 때에 통보하는 것이다. 항해계획을 출항 후 또는 입항 후 통보할 때에는 가급적 신속히 통보해야 하며, 출항전 통보할 경우에는 서면 등으로 제출할 수 있다.

그리고 위치(선위)통보란 항해계획에서 입력된 선위가 정확한 것인지 여부를 확인하기 위한 정보이므로 출항 또는 입항한 후 12시간 이내에 첫 번째 통보를 하고 이후 최종통보를 행할 때까지는 약 12시간 간격으로 통보하여야 하는 것으로, 통신사 근무시간 등의 이유로 사전에 통보가 늦어질 것이 예상될 때에는 가급적 예정시간 전에 통보하여야 하고, 악천후 등 기타 악조건하에 있을 때에는 가급적 통보간격을 단축하여 통보하여야 한다. 세번째 변경통보란 항해계획에 변경이 생겼을 때에 그 내용을 수정하기 위한 정보이므로 예정위치가 25마일 이상 떨어졌거나 목적지를 변경하였을 때 통보하는 것이며, 마지막으로 최종통보란 선위통보제도의 참가

를 끝내기 위한 정보이므로 대상해역 내의 목적항에 도착하기 직전 또는 도착 후 통보하는 것이다. 출항한 후에 최종통보를 할 때에는 가급적 신속히 통보하여야 하며 입항 후에 통보하는 경우에는 서면 등으로도 통보할 수 있다.

〈표 4-18〉 KOSREP 통보서식

<table>
<tr><th colspan="3">기 재 요 령</th></tr>
<tr><td>① 시스템명 등</td><td colspan="2">시스템명은 'KOSREP', 통보항목은 'SP'로 표시한다.</td></tr>
<tr><td>② 출항일시</td><td colspan="2">세계 시를 사용하면 날짜는 2자리 숫자로, 시와 분은 네자리 숫자로 구성되는 6자리 숫자 뒤에 'Z'로 표시한다.
(예) 세계시 20일 12시 00분의 경우 : "201200Z"</td></tr>
<tr><td>③ 위도 · 경도</td><td colspan="2">위도는 도와 분의 4자리 숫자로, 북위는 'N', 남위는 'S'자를 붙이며 경도는 도 및 분의 5자리 숫자로, 동경은 'E', 서경은 'W'자를 붙여서 표시한다.
(예) 북위 35도 38분인 경우 : 3538N, 동경 139도 50분인 경우 : 13950E</td></tr>
<tr><td rowspan="5">④ L항목
(항로정보)</td><td colspan="2">예정항로의 변침점까지의 상황을 표시하되, 대상해역 내로 진입 시는 진입지점의 위도 · 경도 및 그 일시를 처음 항목에 반드시 표시하여야 하며, L항목은 적어도 3지점 이상 12지점 이내로 표시한다.</td></tr>
<tr><td>항법</td><td>연안항법은「coastal', 항정선항법은 'RL', 대권항법은 'GC'로 표시한다.</td></tr>
<tr><td>구간속력</td><td>해당 변침점에 도착할 때까지의 예정속력을 소수점 첫째자리까지의 3자리 숫자로 표시한다.
(예) 속력 15.0노트의 경우 : 150</td></tr>
<tr><td>위도 · 경도
도착 예정일시</td><td>변침점의 위도 · 경도 및 도착 예정일시를 ②, ③의 예에 따라 표시한다.</td></tr>
<tr><td>지명</td><td>해당 변침점 부근에서의 해역명 또는 육표명을 가능한한 표시한다.</td></tr>
<tr><td>⑤ V항목
(의료요원의 승선)</td><td colspan="2">MD(의사), PA(위생관리자), NURSE(간호사), NONE(없음) 등으로 구분하여 표시한다.</td></tr>
<tr><td>⑥ Y항목
(JASREP, AMVER 등)</td><td colspan="2">KOSREP에 참가함과 동시에 JASREP, AMVER 또는 그 밖에 외국 선박위치통보 가입희망 시 표시한다.</td></tr>
<tr><td>⑦ E, F, M 항목
(임의 항목)</td><td colspan="2">필수기재사항은 아니나 표시할 경우, E항목의 현재 침로는 3자리 숫자로 표시하여, F항목의 전체 항정의 예정 평균속력은 소수점 첫째자리를 포함한 3자리 숫자로 표시한다.
(예) 침로 234도의 경우 E / 234 //로, 속력 15.3노트인 경우는 F / 153 //</td></tr>
<tr><td>⑧ X항목
(참고사항)</td><td colspan="2">임의 항목으로 기상정보(풍향 · 풍속 · 파고 · 천기), 다음 통보 예정시각, 적하의 종류, INMARSAT 전화번호, DSC의 ID 번호, FAX 번호 등을 표시한다.
(예) 차기 통보예정시각 : 25일 15시 00분, 적하의 종류 : LNG, INMARSAT 전화번호 : 1234567의 경우 X / 251500 Z / LNG / SAT 1234567 //</td></tr>
</table>

(뒤쪽)

〈표 4-19〉 KOSREP 기재요령(위치통보)

[별지 제8호서식]

위치통보(POSITION REPORT)
(필수항목)
시 스 템 명 | 통 보 항 목 |
KOSREP / PR //
| 선 명 | 호 출 부 호 |
A / / //
| 위 치 일 시 |
B / //
| 위 도 | 경 도 |
C / / //
| JASREP | AMVER | 기 타
Y / / / //
(임의 항목)
| 현 재 침 로 |
E / //
| 예정 평균속력 |
F / //
| 현재 청취 중인 해안국 | 다음 청취 예정 해안국 |
M / / //
그 밖 의 사 항 (65자 이내)
X / //
※ 별지 제7호서식의 기재요령을 읽고 작성하시기 바랍니다.

210mm×297mm(백상지 80g / m²)

〈표 4-20〉 KOSREP 기재요령(변경통보)

[별지 제9호서식]

변경통보(DEVIATION REPORT)

(필수항목)

| 시 스 템 명 | 통 보 항 목 |

KOSREP / DR //

| 선 명 | 호 출 부 호 |

A / / //

| JASREP | AMVER |

Y / / //

(임의 항목)

| 출 발 일 시 |

B / //

| 현 재 침 로 |

E / //

| 예정 평균속력 |

F / //

| 출 발 지 | 위 도 | 경 도 |

G / / / /

| 목 적 지 | 위 도 | 경 도 | 도착 예정일시

I / / / / //

항 로 정 보

항 법 | 구 간 속 력 | 위 도 | 경 도 | 도 착 예 정 일 시 | 지 명

L / / / / / / //

| 현재 청취 중인 해안국 | 다음 청취 예정 해안국 |

M / / //

| 의료요원의 승선 |

V / //

그 밖 의 사 항 (65자 이내)

X / //

※ 별지 제7호서식의 기재요령을 참고하여 작성하시기 바라며, 임의 항목 중 변경사항은 반드시 적으시기 바랍니다.

210mm×297mm(백상지 80g / m^2)

〈표 4-21〉 KOSREP 기재요령(최종통보)

[별지 제10호서식]

<table>
<tr><td colspan="5">최종통보(FINAL REPORT)</td></tr>
<tr><td colspan="5">(필수항목)</td></tr>
<tr><td colspan="5">시 스 템 명 | 통 보 항 목 |</td></tr>
<tr><td colspan="5">KOSREP / FR //</td></tr>
<tr><td colspan="5">| 선 명 | 호 출 부 호 |</td></tr>
<tr><td colspan="5">A / / //</td></tr>
<tr><td colspan="5">| 도 착 항 명 | 위 도 | 경 도 | 도 착 일 시</td></tr>
<tr><td colspan="5">K / / / / //</td></tr>
<tr><td colspan="5">| JASREP | AMVER | 기 타 |</td></tr>
<tr><td colspan="5">Y / / / //</td></tr>
<tr><td colspan="5">(임의 항목)</td></tr>
<tr><td colspan="5">| 그 밖 의 사 항 (65자 이내)</td></tr>
<tr><td colspan="5">X / //</td></tr>
<tr><td colspan="5">※ 별지 제7호서식의 기재요령을 참고하여 작성하시기 바랍니다.</td></tr>
</table>

210mm×297mm(백상지 80g / m²)

(3) MASTREP

1) 목 적

궁극적인 목적은 해상에서의 인명안전에 공헌에 있으며 조난신호가 없는 경우 선박이 실종된 때로부터 수색 구조활동을 개시할 때까지의 시간단축, 구조활동을 위한 수색 구역한정, 수색 구조활동을 착수해야 하는 사고발생 시, 그 구역에서 항행하는 선박 등 수색자원에 대한 최신 정보제공의 효과에 목적을 두고 있다.

2) 개정 발효시기

2013년 07월 01일

3) 적용 해역

하기의 위치를 연결한 수역 내

① 6°00'S 75°00'E 9°37'S 141°01'06"E

② 2°00'S 78°00'E 9°08'S 143°53'E

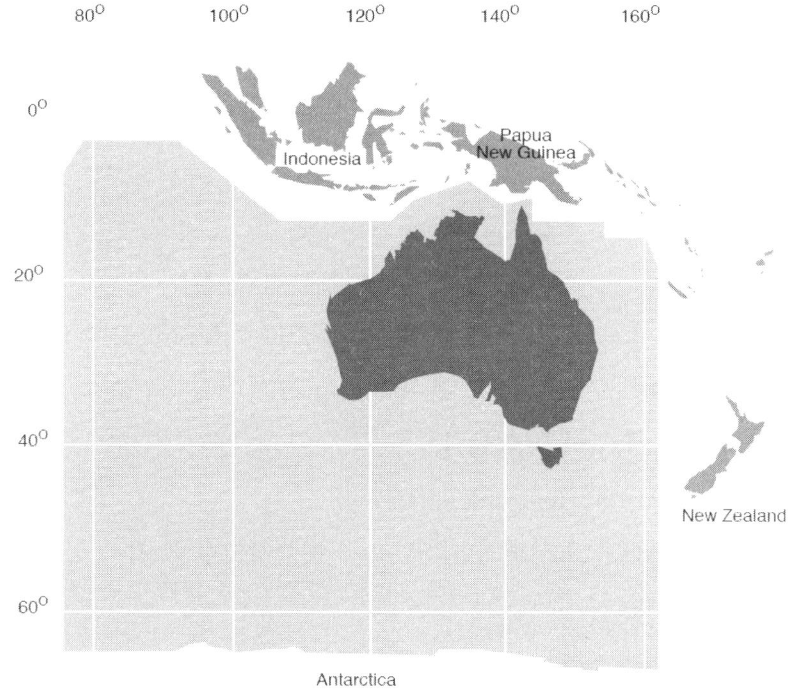

[그림 4-18] MASTREP 적용 해역

③ 2°00'S 92°00'E 9°24'S 144°13'E

④ 12°00'S 107°00'E 12°00'S 144°00'E

⑤ 12°00'S 123°20'E 12°00'S 155°00'E

⑥ 9°20'S 126°50'E 14°00'S 155°00'E

⑦ 7°00'S 135°00'E 14°00'S 161°15'E

⑧ 9°50'S 139°40'E 17°40'S 163°00'E

⑨ 9°50'S 141°00'E

⑩ 163° 00'E 경도선

4) 적용 선박

MASTREP(The Mordenised Australian ShipTraking and Reporting system / 이전의 AUSREP) 구역 내의 모든 선박(호주 내의 첫 번째 기항항구부터 마지막 출항항구까지 적용)이다.

5) 보 고

① MASTREP 보고(MASTREP Reporting)

㉠ AIS를 통해 다음의 정보가 전달된다.

- 식별(호출부호, IMO No) :
- 선종 :
- 선위 :
- 코스 :
- 선속 :
- 항해상태 :
- 안전 관련 정보

㉡ AIS가 작동불능 일시 호주 구조조정본부(RCC Australia)에 보고한다.

㉢ 과거 AUSREP에서 요구되었던 Sailing plan, Deviation report, Final report는 더 이상 요구하지 않는다.

② 해상사고보고(Marine Incident Reporting)

㉠ 보고시기 : MASTREP 해역 내의 모든 해상사고발생 시

㉡ 보고처 : AMSA

㉢ 보고양식

- AMSA 18
- AMSA 19

Australian Government
Australian Maritime Safety Authority

INCIDENT REPORT

NOTE: This form must be forwarded within 72 hours of a marine incident to:
General Manager, Ship Safety Division, AMSA
GPO Box 2181 Canberra ACT 2601 Australia
Fax: +61 2 6279 5058
E-mail: Reports@amsa.gov.au
For further information please call 1800 021 098
Do not use this form to report pollution incidents under the MARPOL convention. For pollution incidents use the reporting format from IMO Resolution 851(20) as amended for harmful substances or marine pollutant reports (POLREPS, AMSA Forms 197 or 196).

HOW TO USE THIS FORM

Enter ship details
If the incident involves:
- Breakage of gear or injury to any person during cargo work? – Complete Part 1
- Damage or defect to ship, machinery or equipment – Complete Parts 2, 5, 6 & 8
- Peril or a close quarters situation – Complete Parts 2, 5, 6 & 8
- Stranding or disappearance – Complete Parts 2, 5, 6 & 8
- Death, serious injury, dangerous occurrence or danger to navigation – Complete Parts 2, 4, 5, 6, 7 & 8
- A birth – Complete Parts 3 & 8

Ship's name	
IMO number	Official or unique number
Call sign	Flag
Propulsion	Satcom number
Master	
Gross tonnage	Class society
Operator's name and address	
Agents and P&I Club	
Date and time of incident	Ship's location (eg port, at sea, lat, long)

PART 1 - To be completed if reporting under Marine Order Part 32

Person-in-charge
Employer of person-in-charge
Incident
☐ Injury → If injury, complete parts 4 - 8
☐ Gear failure → If gear failure, complete parts 5 - 8
☐ Dangerous goods → If dangerous goods, complete parts 5 - 8

PART 2 - To be completed if reporting under section 185/186 or 312 of the Navigation Act (other than births) and s.19 of the *Transport Safety Investigation Act 2003*

Voyage
To From

Incident description

☐ Grounding ☐ Foundering ☐ Stranding
☐ Collision ☐ Capsize ☐ Flooding
☐ Fire ☐ Explosion ☐ Machinery failure
☐ Structural failure ☐ Close quarters ☐ Disappearance
☐ Loss ☐ Presumed lost ☐ Injury
☐ Death ☐ Dangerous occurrence
☐ Illness ☐ Other (specify)

MO 31/15

Place of Incident
☐ Machinery spaces ☐ Accommodation block ☐ Galley
☐ Deck/cargo spaces ☐ Gangway/pilot ladder ☐ Wharf
☐ Other (specify)

Crew numbers	Passenger numbers	Cargo

PART 3 - To be completed if reporting under section 312 of the Navigation Act - Births

Child's name	Gender
Date of birth	Place
Mother's full name	
Town & country of birth	Australian resident
Father's full name	
Town & country of birth	Australian resident

PART 4 - To be completed if reporting under section 107 of the *Occupational Health & Safety (Maritime Industry) Act 1993*

Name of affected person

Date of birth	Gender	PIN

Home address

Australian resident ☐ Yes ☐ No | Town & country of birth

Capacity
☐ Crew ☐ Contractor ☐ Waterside worker ☐ Supplier
☐ Watchkeeper ☐ Other (specify)
↓
show watch period: from to Time since last rest period

Logbook entry date	Rank
Hours of duty Time on Time off	Hours before duty

Affected area
☐ Head (1) ☐ Eyes (1) ☐ Trunk (3) ☐ Arms (4)
☐ Hands (4) ☐ Legs (5) ☐ Internal (7) ☐ Back (3)
☐ Neck (2) ☐ Fingers (4) ☐ Feet (5) ☐ Toes (5)
☐ Other (specify)

Type of injury
☐ Drowning (150) ☐ Crushing (100) ☐ Laceration (060/080)
☐ Burns & scalds (120) ☐ Hernia (450) ☐ Fracture (020/010)
☐ Electric shock (150) ☐ Amputation (070) ☐ Foreign Body (110/0
☐ Abrasion (090) ☐ Bruising (100) ☐ Asphyxia (110/150/140)
☐ Strain & sprain (040) ☐ None
☐ Other (specify)

Results of incident
☐ Death ☐ Serious Injury ☐ Minor Injury
☐ Near miss ☐ Temporary disability ☐ Partial disability
☐ Permanent disability ☐ Disappearance ☐ Time off work
☐ None ☐ Other (specify)

Incident factors
☐ Machinery and (mainly) fixed plant (1)
☐ Mobile plant and transport (2)
☐ Powered equipment, tools and appliances (3)
☐ Non-powered hand tools, appliances and equipment (4)
☐ Chemicals and chemical products (5)
☐ Materials and substances (6)
☐ Environmental agencies (7)
☐ Animal, human and biological agencies (8)
☐ Other and unspecified agencies (9)

AMSA 19 (09/13)

[그림 4-19] MASREP 보고양식(AMSA 18)

Australian Government
Australian Maritime Safety Authority

MO 31/14

INCIDENT ALERT

NOTE: This report must be forwarded by the Owner or Master within 4 hours of the incident to:
+61 2 6230 6868 (fax) or 1800 622 153 (free fax within Australia) or Reports@amsa.gov.au (Email)
A detailed report (form AMSA 19) is to be forwarded to AMSA via the above means within 72 hours of the incident.

Do not use this form to report pollution incidents under the MARPOL convention. For pollution incidents use the reporting format from IMO Resolution 851(20) as amended, for harmful substances or marine pollutant reports (POLREPS, AMSA Forms 197 or 196).

For instructions on the use of this form - see over

SHIP DETAILS

Ship's name

IMO number | Unique ID /Official number | Flag

Call sign | Satcom number

Master

Gross tonnage | No. of persons on board

Class society

Propulsion | IOPP certificate date of issue

Ship type
☐ Container ☐ Tanker ☐ Bulk Carrier ☐ Tug ☐ OSV ☐ Other
☐ Recreational ☐ DCV

Operator's name and address

Responsible Officer (ISM designated person) | Contact number

Agents and P&I Club

INCIDENT DETAILS

Voyage
From To

Ship's Location (eg port, at sea, lat, long)

Location on ship where incident occurred

Date and time of incident
am/pm | No. of persons involved

Nature of Incident

☐ Collision	☐ MARPOL ship defects
☐ Grounding	☐ Serious personal injury
☐ Fire	☐ Death
☐ Structural failure	☐ Disappearance
☐ Flooding	☐ Loss
☐ Machinery failure	☐ Presumed lost
☐ Cargo gear	☐ Close quarters situation
☐ Pilotage	☐ Births
☐ Dangerous goods	☐ Other (specify)

DESCRIPTION OF INCIDENT/DAMAGE

Note: If incident occurred under Pilotage, include name of pilot

OTHER RELEVANT INFORMATION

AMSA 18 (09/13)

[그림 4-20] MASREP 보고양식(AMSA 19-1)

Cause of injury/illness	
Date left ship	Expected period of incapacity
Treatment given on board ship	

NOTE: Part 4 relates to personal injury. If more than one person is affected complete Part 4 on a separate form for each person.

PART 5 - Explanation and Description
State Cause and give names and addresses of any witnesses
Attach additional pages if necessary

PART 6 - Incident Narrative
Attach additional pages if necessary

PART 7 - Action taken to prevent similar occurrences
Attach additional pages if necessary

PART 8 - Details of person completing report

Name	
Position	Contact number
Signature / /	

REQUIREMENTS FOR REPORTING

This is a summary of the principal requirements under applicable legislation. This form can be used to meet these reporting requirements. Consult the legislation for full details.

Section 18 of the *Transport Safety Investigation Act 2003* Requires the responsible person to report matters that are prescribed (Reg 3.3 TSI Regulations).

A responsible person is defined by regulation as the Master or person in charge of the ship, the owner or operator or the agent, or a pilot who has duties on board the ship. A nominated official includes a member of the staff of AMSA.

Application: See legislation for specific requirements.

Sections 185 and 186 of the *Navigation Act 2012* A report of marine incidents (defined in s14) must be made by the Master or Owner where:

- the vessel is involved in a marine incident that has affected, or is likely to affect, the safety, operation or seaworthiness of the vessel;
- the vessel is involved in, or causes, a marine incident that involves:
  - i. the death of a person; or
  - ii. serious injury to a person; or
  - iii. the loss of a vessel; or
  - iv. the loss of a person from the vessel; or
  - v. significant damage to a vessel; or
  - vi. loss of cargo of a vessel.

Application: All ships in Australian waters, Australian ships anywhere.

Section 187of the *Navigation Act 2012* A report of dangers to navigation must be made by the Master where;

- the master meets with, or is informed of, any serious danger to navigation on or near his or her course.

A serious danger to navigation includes, but is not limited to, any of the following:

(a) dangerous ice;
(b) a dangerous derelict;
(c) a dangerous derelict;
(d) a tropical storm;
(e) sub-freezing air temperature associated with gale force winds causing severe ice accretion on superstructures;
(f) winds of force 10 on the Beaufort scale for which no storm warning has been received.

Application: All ships in Australian waters, Australian ships anywhere.

Section 312 of the *Navigation Act 2012* Whenever a person carried on the vessel gives birth, dies or disappears or a seafarer is injured or contracts an illness that incapacitates him or her from the performance of his or her duty;

- the master must record the occurrence in the vessel's official logbook; AND
- as soon as practicable, give a report in writing.

Application: Regulated Australian Vessels anywhere.

Marine Order 32 (Cargo Handling Equipment) A report under this Marine Order must be submitted for any incident involving failure of ship's material handling equipment or injury to any person on an Australian ship or on any other ship in Australian waters when engaged in cargo work.

Application: All ships in Australian waters and Australian ships anywhere.

***Section 107 of the Occupational* Health and Safety (Maritime Industry) Act 1993** Requires the notification and reporting of:

- any accident that results in the death of, or serious personal injury to any person;
- any accident that results in an employee being incapacitated from performing work for a period of five successive days or more;
- a dangerous occurrence (ie: a near miss) which occurs at or near a workplace at which an undertaking is being conducted by the operator

Application: See legislation for specific requirements.

Australian legislation provides significant penalties for failing to comply with any of the above.

AMSA 19 (09/13)

[그림 4-21] MASREP 보고양식(AMSA 19-1)

③ 비강제보고(Non-Mandatory Reporting)

㉠ 보고시기

- 호주 구조조정본부(RCC Australia)에 관련 정보를 보내고자 할 때
- 해사 협조 서비스를 구할 때

㉡ 보고양식

Non-Mandatory Reporting

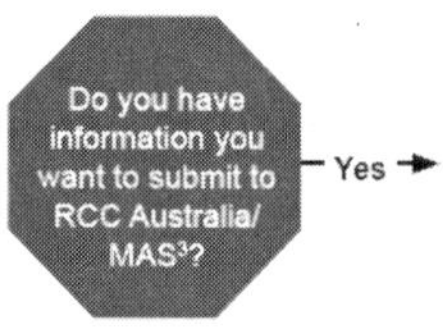

Example of an Information Report[4]		
ID	System Identifier and Message Type	MASTREP/IR//
A	Ship Name/Callsign/IMO Number	A/HESPERUS/BDBD/8502458//
B	Date/Time of Event	B/050200UTC//
C	Position – Lat/Long	C/3900S/14500E//
I	Next Port of Destination and ETA (UTC)	I/ADELAIDE/080200UTC//
X	Remarks	X/SIGHTED SEMI-SUBMERGED CONTAINER//

[3]Maritime Assistance Service

[4]Complete the Information Report using the standard international ship reporting format as set out in IMO Resolution A.851 (20)*

[그림 4-22] 비강제보고(예시)

④ 특별 보고종류(Special Report Type)

㉠ 보고종류 : 하기의 물질을 운반할 때

- 위험제품(DG : Dangerous Goods)
- 유해물질(HS : Harmful Substances)
- 해양오염원(MP : Marine Pollutants)

㉡ 보고형식 : IMO Resolution A.851(20)

(4) JASREP(Japanese Ship Reporting System)

1) 대상 선박

해상보안청에 의해 운영되고 있는 제도로 대상 선박은 국적, 선종, 톤수에 관계없이 참가가 가능하다.

2) 대상 해역

북위 17도선 북쪽, 동경 165도선 서쪽의 해역을 항행하는 모든 선박이다.

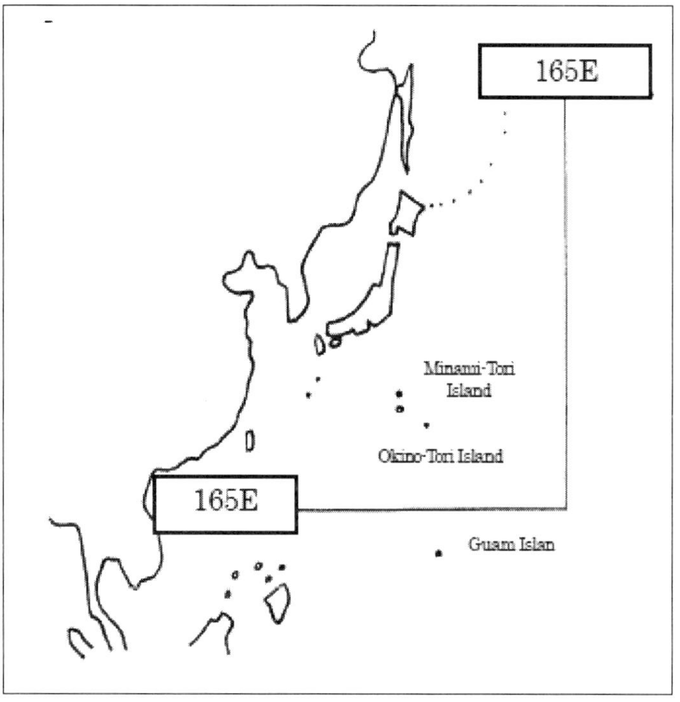

[그림 4-23] JASREP 대상 해역

3) 통보종류

① Sailing Plan : 보고시기

㉠ JASREP 이내의 항구에서 출항하기 전

㉡ JASREP 해역 진입하기 전

② Position Report

㉠ 보고시기

- JASREP 이내의 항구에서 출항 후 24시간 이내
- JASREP 해역 진입 후 24시간 이내

㉡ 기타

- 보고를 시간 내에 하지 못하였을 경우 가능한 다음 계획된 시간 보다 빠른 시기에 보고를 한다.

• 기상이 안좋거나 기타 악조건일시 보고를 더 잦은 주기로 해야 한다.

③ Deviation Report : 보고시기

㉠ Sailing plan의 항로보다 25마일 이상 이로가 생겼을 때

㉡ 목적항이 변경되었을 때

㉢ 기타 Sailing Plan을 변경할 때

④ Final Report : 보고시기

㉠ 항구도착 전 후

㉡ JASREP 해역을 벗어났을 때

㉢ 기타 JASREP에 참가를 종료할 때

4) 참가방법

임의로 참가하는 제도이다. 비용은 JASREP를 취급하는 해상보안청 해안국을 경유하면 무료이다. 항해계획을 통보했을 때를 그 개시로 하여 최종통보를 보냈을 때 종료한다. 출항 시 또는 입역 시 이 제도에 참가하지 않았을 경우라도 도중에 참가를 희망하는 경우 그 시점에서 항해계획을 통보하면 되고 참가를 종료하고자 하는 경우에는 최종통보함에 따라 참가를 종료할 수 있다.

1) Sailing plan

Sailing Plan	note
(Required date items)	
System name / Type of report //	(1)
JASREP / SP //	
A/Ship name / Identification Signal //	
A/ / //	
B/Time of departure //	(2)
B/ //	
G/Port of departure / Latitude / Longitude //	(3)
G/ / / //	
I/Port or destination /Latitude / Longitude / Estimated time of arrival//	
I/ / / / //	
Route information	(4)
L/Navigation method / Average speed / Latitude / Longitude / Estimated time of arrival / Name of landmark or sea area	
L/ / / / / / //	
L/ / / / / / //	
L/ / / / / / //	
L/ / / / / / //	
L/ / / / / / //	
L/ / / / / / //	
L/ / / / / / //	
L/ / / / / / //	
L/ / / / / / //	
L/ / / / / / //	
L/ / / / / / //	
L/ / / / / / //	
V/Onboard medical resources //	(5)
V/ //	
Y/AMVER //	(6)
Y/ //	
(Optional date items)	
E/Current course //	(7)
E/ //	
F/Estimated average speed //	
F/ //	
M/Current coastal radio station / Next coastal radio station, if any//	
M/ / //	
X/Up to 65 characters of amplifying comments //	(8)
X/ //	

[그림 4-24] Sailing Plan(JASREP) 양식

(Notes)

(1) System name

Enter JASREP on the system name line. Also enter SP on the type of report line.

(2) Date/time

All times must be expressed as a six-digit group giving date of month (first two digits), hours and minutes (last four digits) Only Universal Coordinated Time (i. e. , Greenwich Mean Time) is to be used. The six-digit date-time-group is to be followed by Z.

Example: 2012002 for 1200 hours on the 20th (GMT)

(3) Latitude and longitude

Latitude is a four-digit group expressed in degrees and minutes. and suffixed with "N" for north or "S" for south.

Longitude is a five-digit group expressed in degrees and minutes, and suffixed with "E" for east or "W" for west.

Example: 3538 N for lat. 35'38'N, and 13950 E for long. 139'50'E

(4) Route information

Express route information between the turn points along the intended route in accordance with the following explanations:

And L lines are needed at least three points, twelve points at maximum. When a ship enters the service area, express latitude and longitude of the point of entrance and the date on the first line without fail.

(Navigation method)

Use GC for great circle and RL for rhumb line.

(Average speed)

Express estimated average speed up to the intended turn point in three-digit group in knots and tenths of knots.

Example: 150 for a speed of 15.0 knots

(Latitude, longitude and estimated time of arrival)

Express latitude, longitude and estimated time of arrival by referring to examples shown in (2) and (3) above.

(Name of landmark or sea area)

Give well-known names of landmark or sea area. Although reporting of these names is not essential, it is requested to provide as far as practicable.

(5)Onboard medical resources

Select as appropriate from the following:

MD (Physician) PA (Physician's assistant or health supervisor)

NURSE NONE

(6)AMVER

In case where a dual participation in the JASREP and AMVER systems is desired, enter "AMVER" on this line.

If no participation in the AMVER System is desired, no entry on this line is required.

(7)Optional date items

These optional date items are useful, but are not necessarily required to report. When report is made, express current course on the line E in three-digit group, and estimated average speed for the entire passage on the F line in three-digit group in knots and tenths of knots.

Example: E1234/ /for a course of. 234'

F/153/ /for a speed of 15.3 knots

(8)Line X (Reference date item)

Although these are optional, it is requested to provide estimated time of next reporting, type of cargo, No. of INMARSAT, ID No. of DSC, etc.

If you desire to be omitted Position Report (PR) by linking with JASREP and weather report, enter "OBS" on this line.

Example: X/OBS/251500 Z/LNG/S AT 1234567 / / for the request of OBS, the estimated time of next reporting at 1500 hours on the 25 th, type of cargo LNG and INMARSAT phone No. 1234567

[그림 4-25] Sailing Plan(JASREP) 작성요령

2) Position Report

Position Report	note
(Required date items)	
System name / Type of report //	(1)
JASREP / PR //	
A/ Ship name / Identification Signal //	
A/ / //	
B/ Date/time at specific position //	(2)
B/ //	
C/ Latitude / Longitude //	(3)
C/ / //	
Y/ AMVER //	(4)
Y/ //	
E/ Current course //	(5)
E/ //	
(Optional date items)	
F/ Intended average speed //	
F/ //	
M/ Current coastal radio station / Next coastal radio station, if any//	
M/ / //	
X/ Up to 65 characters of amplifying comments //	(6)
X/ //	

(Notes)

(1) System name

Enter JASREP on the system name line. Also enter PR on the type of report line.

(2)Date/time

All times must be expressed as a six-digit group giving date of month (first two digits) , hours and minutes (last four digits) Only Universal Coordinated Time (i. e., Greenwich Meantime) is to be used . The six-digit date-time-group is to be followed by Z

Example: B/20L200 Z for 1200 hours on the 20th (GMT)

(3) Latitude and longitude

Latitude is a four-digit group expressed in degrees and minutes, and suffixed with "N" for north or "S" for south.

Longitude is a five-digit group expressed in degrees and minutes, and suffixed with "E" for east or "W" for west.

Example: C/2511N/12505 E/ /for lat. 25'11'N and long. 125'S0'E

(4) "AMVER"

In case of a ship with a dual participation in the JASREP and AMVER systems, express "AMVER" on this line.

If not, no entry on this line is required.

(5) Optional date items

These optional date items are useful, but are not necessarily required to report. When report is made, express current course on the E line in three-digit group, and estimated average speed for the entire passage on the F line in three-digit group in knots and tenths of knots.

Example: E/234/ /for a course of. 234'   F/153/ /for a speed of 15.3 knots

(6) Line X (Reference date item)

These are optional, but when reported, provide estimated time of next reporting.

Example: X/2515002//for the estimated time of next reporting at 1500 hours on the 25th (GMT)

[그림 4-26] Position Report(JASREP) 양식 및 작성요령

3) Deviation Report

Deviation Report	note
(Required date items)	
System name / Type of report //	(1)
JASREP / DR //	
A/Ship name / Identification Signal //	
A/ / //	
Y/ AMVER //	(2)
Y/ //	
(One or more from the following optional date items)	(3)
B/ Time of departure //	
B/ //	
E/ Current course //	
E/ //	
F/ Intended average speed //	
F/ //	
G/ Port of departure / Latitude / Longitude //	
G/ / / //	
I/ Port or destination /Latitude / Longitude / Estimated time of arrival//	
I/ / / / //	
Route information	
L/Navigation method / Average speed / Latitude / Longitude / Estimated time of arrival / Name of landmark or sea area//	
L/ / / / / / //	
L/ / / / / / //	
M/ Current coastal radio station / Next coastal radio station, if any//	
M/ / //	
V/ Onboard medical resources //	
V/ //	
X/ Up to 65 characters of amplifying comments //	(4)
X/ //	

(Notes)

(1) System name

Enter JASREP on the system name line. Also enter DR on the type of report line.

(2) AMVER

In case of a ship with a dual participation in the JASREP and AMVER systems, express 'AMVER' on this line. If not, no entry on this line is required.

(3) Deviation items

Specify changes of sailing plan and others.

Example: I/LOSANGELES/334S N/11816 W/, 2010552//tor a case where the port of destination is changed from Vancouver to Los Angeles.

(4) OBS

In case of a ship with OBS system (linking with weather report) , express 'OBS' on this line.

Example: X/OBS//

[그림 4-27] Deviation Report(JASREP) 양식 및 작성요령

4) Final Report

Position Report	note
(Required date items)	
System name / Type of report //	(1)
JASREP / PR //	
A/ Ship name / Identification Signal //	
A/ / //	
K/ Port of arrival / latitude / Longitude / time of arrival //	(2)(3)
K/ / / / //	
Y/ AMVER //	(4)
Y/ //	
(Optional date items)	
X/ Up to 65 characters of amplifying comments //	(5)
X/ //	

(Notes)

(1) System name

Enter JASREP on the system name line. Also enter FR on the type of report line.

(2) Date/time

A11 times must be expressed as a six-digit group giving date of month (first two digits), hours and minutes (last four digits) Only Universal

Coordinated Time (i. e. , Greenwich Mean Time) is to be used. The six-digit date-time-group is to be followed by Z.

Example: 201200 Z for 1200 hours on the 20th (GMT)

(3) Latitude and longitude

Latitude is a four-digit group expressed in degrees and minutes, and suffixed with "N" for north or "S" for south.

Longitude is a five-digit group expressed in degrees and minutes, and suffixed with "E" for east or "W" for west.

Example: 3538 N for lat. 35'38'N, and 13950 E for long. 139'50'E

(4) AMVER

In case of ship with a dual participation in the JASREP and AMVER systems, express "AMVER" on this line.

However, in case of departing from the service area of the JASREP System and continued participation in the AMVER System is desired, no entry on this line is required.

(5)OBS

In case of a ship with OBS system (linking with weather report), express "OBS" on this line.

Example: X/OBS/ /

[그림 4-28] Final Report(JASREP) 양식 및 작성요령

4.8 낙수자 인명구조 조선방법

4.8.1 1회 선회법

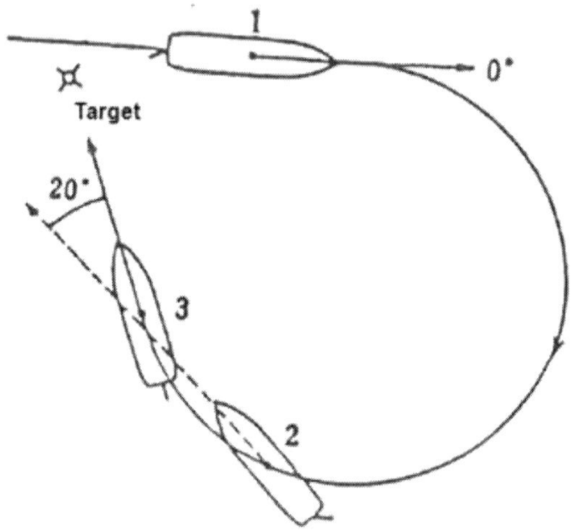

[그림 4-29] 1회 선회법

(1) 조선방법

① 주기관을 정지하고 낙하현측으로 전타한다.

② 선회 중 선박의 선수방위가 익수자와 20도 차가 되었을 때 타를 중앙으로 하고 선속을 적절히 조절하여 익수자 쪽으로 정침하며 부근에 정선한다.

③ 익수 지점을 판단하기 어려운 경우 원침로에서 250도 회두하였을 때 타를 중앙으로 하고 선속을 줄이고 익수자를 수색한다.

④ 익수자를 발견하면 선속을 조절하고 적절히 정선하여 익수자의 풍상측으로 접근한다.

(2) 특 징

① "즉시구조"에 적합한 방식으로 목표에 가장 신속하고 효과적으로 접근할 수 있으며, 날씨가 좋고 익수자를 육안으로 보면서 조선할 때 매우 효과적이다.

② "실종자 수색"이나 "지연구조"에는 적합하지 않다.

4.8.2 2회 선회법

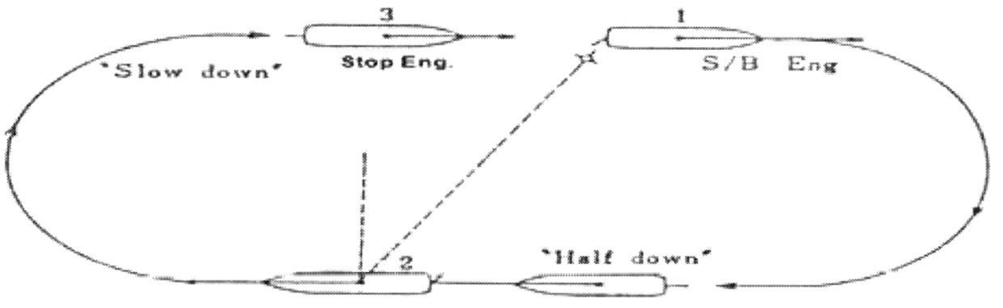

[그림 4-30] 2회 선회법

(1) 조선방법

① 주기관을 정지하고 낙하현측으로 전타한다.

② 익수자를 선미와 CLEAR시킨 후, 전속 항주한다.

③ 원침로 대비 180도 선회 시 MidShip하여 정침하며 엔진을 반속으로 감속 후 익수자를 수색한다.

④ 익수자가 정횡 후 30도 가랑 위치에 보이게 되면 다시 익수자측으로 전타하여 180도 가량 선회하면 선속을 적당히 줄이고 정선하여 익수자의 풍상측으로 향한다.

(2) 특 징

조선이 간편하며 "즉시구조"에 용이하다. "지연구조"에 더욱 용이하나 "실종자수색"에는 적합하지 않다.

4.8.3 윌리엄슨 선회법

(1) 조선방법

① 낙하현측으로 전타한다.

② 원침로 대비 60도 선회 시 반대 방향으로 전타한다.

③ 원침로에서 160도 회두하였을 때 Midship하면 180도 회두하여 원래의 항적으로 돌아가게 된다. 선속을 줄이며 수색에 임하고 익수자를 발견하면 적절히 정선하여 접근한다.

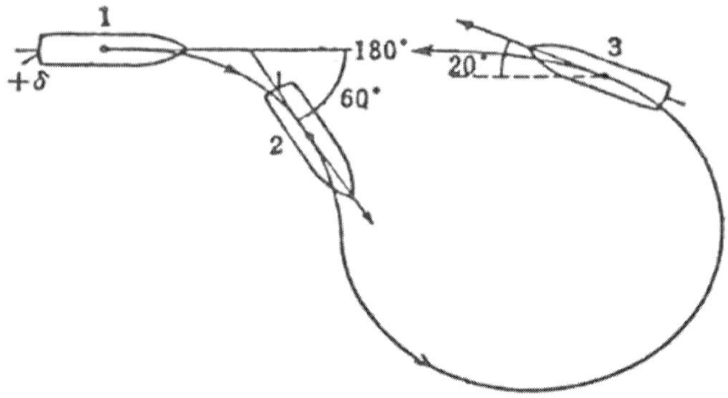

[그림 4-31] 윌리엄슨 선회법

(2) 특 징

① 이 선회법은 1942년 미해군 예비역 중령 Williamson이 고안하여 실시한 방법이다.

② 암야, 제한시계, 황천 및 낙하시간이 불분명할 때 등의 상황에서 기존 항적으로 제일 가깝게 선박을 되돌릴 수 있는 방법으로 "지연구조" 시에도 적용 가능한 방법이다.

4.8.4 샤르노브 선회법

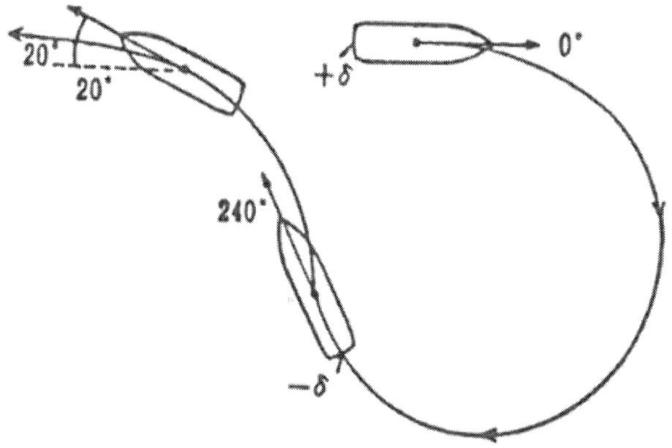

[그림 4-32] 샤르노브 선회법

(1) 조선방법

① 낙하현측으로 전타한다.

② 원침로에서 240도 선회 시 타를 반대 방향으로 전타한다.

③ 원침로 대비 160도 선회 시 Midship하여 원침로의 역침로에 진입하며 익수자 수색한다.

(2) 특 징

① 선박의 항적을 따라서 회항한다.

② 거리가 짧아 시간이 절약된다.

③ 사고 발생과 조종의 시작 사이에 경과된 시간을 알 수 없으면 효과적으로 시행할 수 없다.

4.8.5 부채꼴 수색 방식

(1) 조선방법

추정점을 지정하여 우현 120도씩 전타하여 수색한다. 최초 수색을 종료한 다음에는 30도 우측으로 회전하여 재수색을 한다.

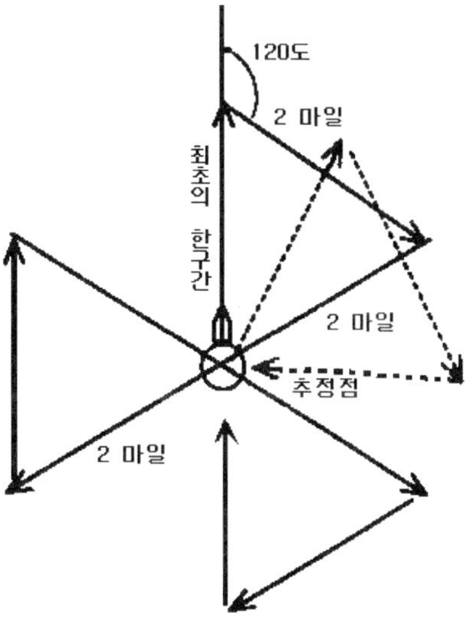

[그림 4-33] 부채꼴 수색방식

(2) 특 징

부표(Buoy)를 수색활동 중 추정기점으로 이용하며 이 수색활동은 추정점에 인접하여 실종자를 발견할 확률이 매우 높고 수색목표의 위치가 작은 추정구역을 가진 좁은 범위 내에 있음이 알려졌을 경우에 사용하는 방식이다.

제5장

국제신호 및 국제신호서

국제신호 및 국제신호서의 목적은 항해와 인명의 안전에 관한 여러 가지 상황이 발생한 경우에 있어서 특히 언어적 장해가 있을 때의 신호방법과 수단을 규정하는 데 있다. 즉 선박 및 항공기 간의 원활한 의사소통을 위한 국제적인 신호방법과 수단을 의미한다.

해상에서의 인명안전을 위한 국제협약(SOLAS 협약 제5장 21규칙)에 의해 무선전신 또는 무선전화의 설치가 요구되는 모든 선박에게 국제신호기 기재된 국제신호서를 비치하도록 규정되어 있다.

신호의 종류에는 1문자신호(긴급, 중요 또는 가장 많이 쓰이는 통신문에 사용한다), 2문자신호(일반부문의 통신문에 사용한다), 3문자신호(M자로 시작하는 3문자 신호는 의료부문의 통신문에 사용한다)가 있다. 또한 신호방식으로는 기류신호, 발광신호, 확성기 등에 의한 음성신호, 무선전신, 무선전화 그리고 수기 또는 팔로써 모르스 신호를 보내는 신호가 규정되어 있다.

[그림 5-1] 국립해양조사원에서 발행한 국제신호서

5.1 기류신호

총 40개의 기를 일자신호로 하나 게양하거나 또는 2~3개로 하나의 통신문을 만들어 게양한다. 1857년 영국에서 국제통신서가 처음 발간되었으며 이를 계기로 국제신호서가 간행되었다. 주로 항행 중에 인명의 안전이 걸린 상태, 특히 언어가 통하지 않을 때에 사용한다.

1조의 신호기는 알파벳 A~Z까지의 문자기 26개, 숫자 0~9까지의 숫자기 10개, 대표기 3개, 회답기 1개로 되어 있다. 영어 알파벳 통신부호*는 선박호출, 비행관제, 군대의 무선통신에서 잡음으로 철자를 명확히 알 수 없는 일을 방지하기 위하여 관용적으로 사용되고 있다. 이러한 통신부호는 우리나라 보이스카우트나 청소년 단체에서 활용하고 있으며, 일상생활에서도 많이 사용되고 있으며 이 통신부호를 살펴보면 〈표 5-1〉, 〈표 5-2〉와 같다.

〈표 5-1〉 Letter Spelling Table

Letter	Code Word	Pronunciation	Letter	Code Word	Pronunciation
A	Alfa	AL FAH	N	November	NO VEM BER
B	Bravo	BRAH VOH	O	Oscar	OSS CAH
C	Charlie	CHAR LEE (or SHAR LEE)	P	Papa	PAH PAH
D	Delta	DELL TAH	Q	Quebec	KEH BECK
E	Echo	ECK OH	R	Romeo	ROW ME OH
F	Foxtrot	FOKS TROT	S	Sierra	SEE AIR RAH
G	Golf	GOLF	T	Tango	TANG GO
H	Hotel	HOH TELL	U	Uniform	YOU NEE FORM(or OO NEE FORM)
I	India	IN DEE AH	V	Victor	VIK TAH
J	Juliett	JEW LEE ETT	W	Whiskey	WISS KEY
K	Kilo	KEY LOH	X	X-ray	ECKS RAY
L	Lima	LEE MAH	Y	Yankee	YANG KEY
M	Mike	MIKE	Z	Zulu	ZOO LOO

* 국립해양조사원에서 발행한 국제신호서 음성 알파벳, 포네틱 알파벳이라고 함.

〈표 5-2〉 Figure Spelling Table

Figure or Mark to be Transmitted	Code Word	Pronunciation
0	NADAZERO	NAH-DAH-ZAY-ROH
1	UNAONE	OO-NAH-WUN
2	BISSOTWO	BEES-SOH-TOO
3	TERRATHREE	TAY-RAH-TREE
4	KARTEFOUR	KAR-TAY-FOWER
5	PANTAFIVE	PAN-TAH-FIVE
6	SOXISIX	SOK-SEE-SIX
7	SETTESEVEN	SAY-TAY-SEVEN
8	OKTOEIGHT	OK-TOH-AIT
9	NOVENINE	NO-VAY-NINER
DECIMAL	DECIMAL	POINTDAY-SEE-MAL
FULL STOP	STOP	STOP

기류의 명칭은 [그림 5-2]와 같다.

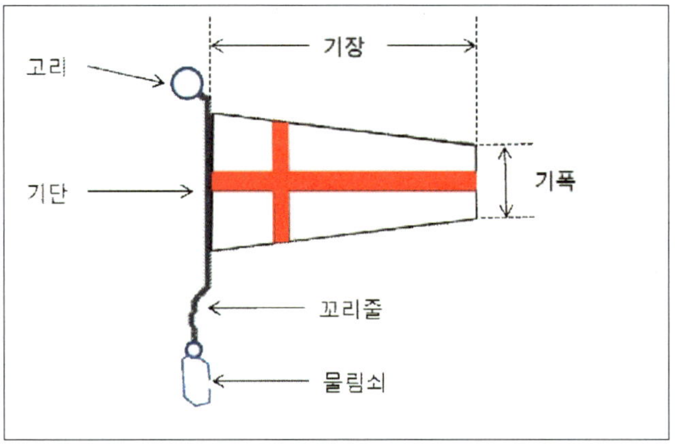

[그림 5-2] 기류의 각 부 명칭

① 문자 기류신호는 긴급, 중요 또는 가장 많이 쓰이는 통신문에 사용되며 의미를 살펴보면 〈표 5-3〉과 같다.

〈표 5-3〉 Single Letter Signals

	· May be made by any method of signaling.	
	See Note 1 for those marked by an asterisk (*)	
	A	I have a diver down; keep well clear at slow speed.
	*B	I am taking in, or discharging, or carrying dangerous goods.
	*C	Yes(affirmative or "The significance of the previous group should be read in the affirmative").
	*D	Keep clear of me; I am maneuvering with difficulty.
	*E	I am altering my course to starboard.
	F	I am disabled; communicate with me.
	*G	I require a pilot. When made by fishing vessels operating in close proximity on the fishing grounds it means : ""I am hauling nets"".
	*H	I have a pilot on board.
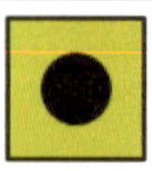	*I	I am altering my course to port.
	J	I am on fire and have dangerous cargo on board : keep well clear of me, or I am leaking dangerous cargo.
	K	I wish to communicate with you.
	L	You should stop your vessel instantly.
	M	My vessel is stopped and making no way through the water.
	N	No (negative or ""The significance of the previous group should be read in the negative""). This signal may be given only visually or by sound. For voice or radio transmission the signal should be ""NO"".

	O	Man overboard.
	P	In harbor.—-All persons should report on board as the vessel is about to proceed to sea. At sea.—-It may be used by fishing vessels to mean : "My nets have ome fast upon an obstruction". It may also be used as a sound to mean : "I require a pilot"
	Q	My vessel is ""healthy"" and I request tree pratique.
	R	the way is off my ship. you may feel you way past me.
	*S	I am operating astern propulsion.
	*T	Keep clear of me; I am engaged in pair trawling.
	U	You are running into danger.
	V	I require assistance.
	W	I require medical assistance.
	X	Stop carrying out your intentions and watch for my signals.
	Y	I am dragging my anchor.
	*Z	I require a tug. When made by fishing vessels operating in close proximity on the fishing grounds it means : ""I am shooting nets"".

Notes : *1. Signals of letters marked by an asterisk (*) when made by sound may only be made in compliance with the requirements of the International Regulations for Preventing Collisions at Sea, 1972. 2. Signals* "K" and "S" have special meanings as landing signals for small boats with crews or persons in distress. (International Convention for the Safety of Life at Sea, 1974, Chapter V, Regulation 16.)

② 문자신호는 일반부문의 통신문에 사용되며 M자로 시작하는 3문자신호는 의료부문의 통신문에 사용된다. 사용 예는 〈표 5-4〉와 같다.

〈표 5-4〉 General Signal Code

	NC I am in distress and require immediate assistance	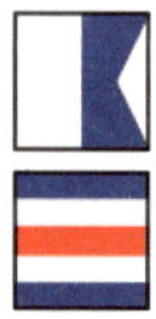	AC I am abandoning my vessel.		AN I need a doctor.
	CG Stand by to assist me (or vessel indicated).		CD I require immediate assistance.		DV I am drifting.
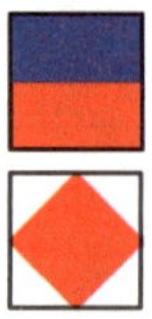	EF SOS / MAYDAY has been canceled.		FA Will you give me my position?		GW Man overboard. Please take action to pick him up.
	JL You are running the risk of going aground.	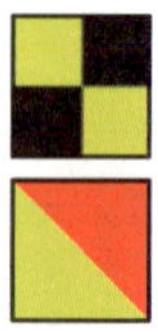	LO I am not in my correct position : used by a light vessel.		NC I am in distress and require immediate assistance.
	PD Your navigation lights are not visible.	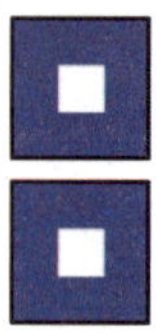	PP Keep well clear of me.	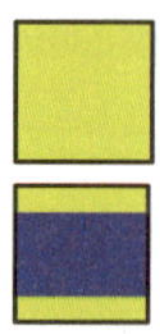	QD I am going ahead.
	QT I am going astern.		QQ I require health clearance.		QU Anchoring is prohibited.
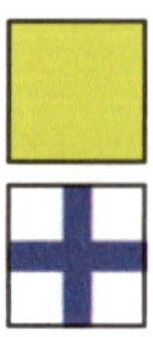	QX I request permission to anchor.	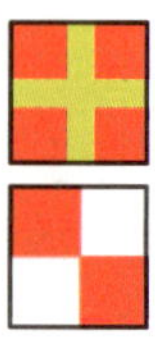	RU Keep clear of me; I am maneuvering with difficulty.		SO You should stop your vessel instantly.

	UM the Harbour is closed to traffic.	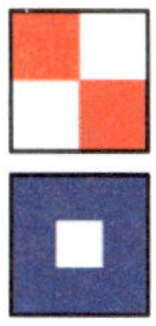	UP Permission to enter Harbour is urgently requested. I have an emergency.		YU I am going to communicate with your station by means of the International code of signals.
	MAA I request urgent medical advice.		MBC Patient has had no serious previous illness.	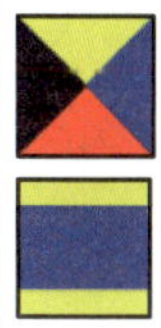	ZL Your signal has been received but not understood.

일본 주변항로에서는 기적을 갖추고 있는 10톤 이상의 선박이 항로에 출입하거나 항로를 횡단하려고 할 때는 다음에 표시되는 신호를 하여 자기의 행선을 표시해야 한다.

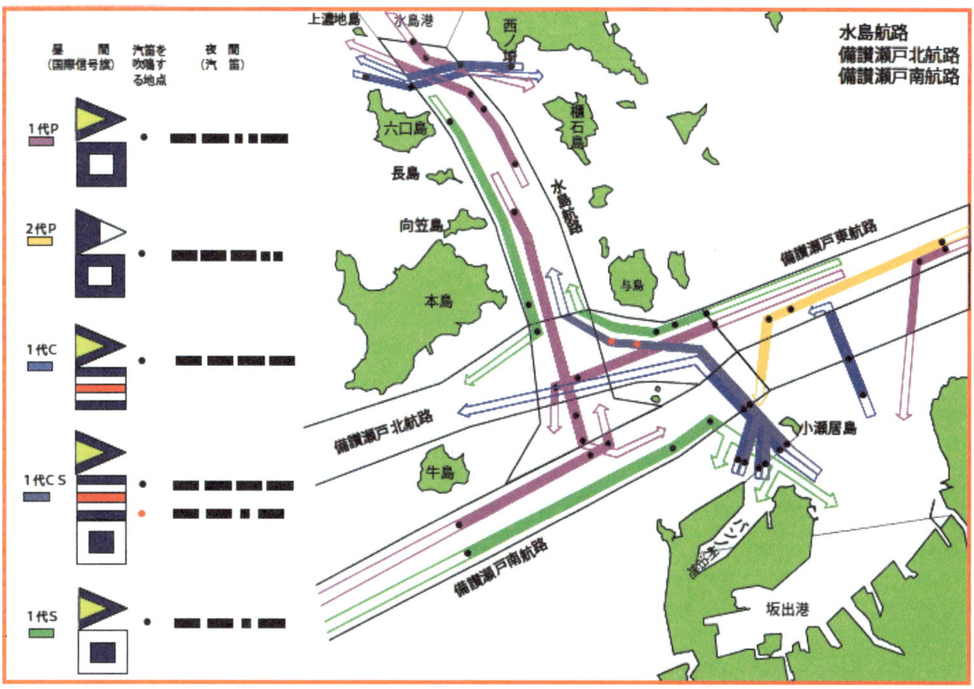

[그림 5-3] 미즈시마 항로, 비산세토 북 · 남 항로

5.2 모르스 부호

짧은 발신전류(•)와 긴 발신전류(–)를 적절히 조합하여 알파벳과 숫자를 표기한 부호이다. 문자와 기호 사이는 3단점 길이의 간격을 취하고 영어의 경우 낱말 단위마다 7단점 길이의 간격을 두며, 한글의 경우 글자와 글자 사이는 5단점 길이를 둔다.

각 글자에 대한 부호지정은 가장 많이 사용되는 글자인 영어 'e' 한글 'ㅏ'를 가장 짧은 부호(•)로 정한다. 많이 사용되는 글자일수록 타전하기 편하도록 할당부호가 짧아진다. 모르스 부호의 길이가 짧은 것부터 순서대로 늘어놓으면 다음과 같다.

'E I T A N S D H M R U B F G K L V W C J O P X Z Q Y'

〈표 5-5〉 Morse Symbols

Alphabet			
A	• –	N	– •
B	– • • •	O	– – –
C	– • – •	P	• – – •
D	– • •	Q	– – • –
E	•	R	• – •
F	• • – •	S	• • •
G	– – •	T	–
H	• • • •	U	• • –
I	• •	V	• • • –
J	• – – –	W	• – –
K	– • –	X	– • • –
L	• – • •	Y	– • – –
M	– –	Z	– – • •
Numerals			
1	• – – – –	6	– • • • •
2	• • – – –	7	– – • • •
3	• • • – –	8	– – – • •
4	• • • • –	9	– – – – •
5	• • • • •	0	– – – – –
Procedure Signals			
AR	• – • – •	AAA	• – • – • –
AS	• – • • •		

〈표 5-6〉 한글 모르스 부호

문 자	부 호	문 자	부 호
ㄱ	•−••	ㅎ	•−−−
ㄴ	••−•	ㅏ	•
ㄷ	−•••	ㅑ	••
ㄹ	•••−	ㅓ	−
ㅁ	−−	ㅕ	•••
ㅂ	•−−	ㅗ	•−
ㅅ	−−•	ㅛ	−•
ㅇ	−•−	ㅜ	••••
ㅈ	•−−•	ㅠ	•−•
ㅊ	−•−•	ㅡ	−••
ㅋ	−••−	ㅣ	••−
ㅌ	−−••	ㅐ	−−•−
ㅍ	−−−	ㅔ	−•−−

〈표 5-7〉 기호에 대한 모르스 부호

문 자		부 호
장음	「—」	•−−•−
마침표	「.」	•−•−•−
쉼표	「,」	−−••−−
단락	「」 」	•−•−••
여는 괄호	「 (」	−•−−•
닫는 괄호	「) 」	−•−−•−

5.3 수기신호

전신이 발명되기 전에 주로 많이 사용되던 깃발을 이용한 통신방법으로 양손을 이용하여 붉은색 깃발과 흰색 깃발을 들고 흔들어서 상대편과 연락하는 근거리에서 사용되는 교신수단이었다.

보통 오른손에 붉은색 깃발, 왼손에 흰색 깃발을 들고 정해진 바에 따라 양팔을 동작시켜 통신문을 보낸다. 시인거리는 육안으로 약 400m, 6배 쌍안경으로 약 2km, 송신속도는 1분간에 55자가 기준이다. 각각의 수기신호는 다음과 같다.

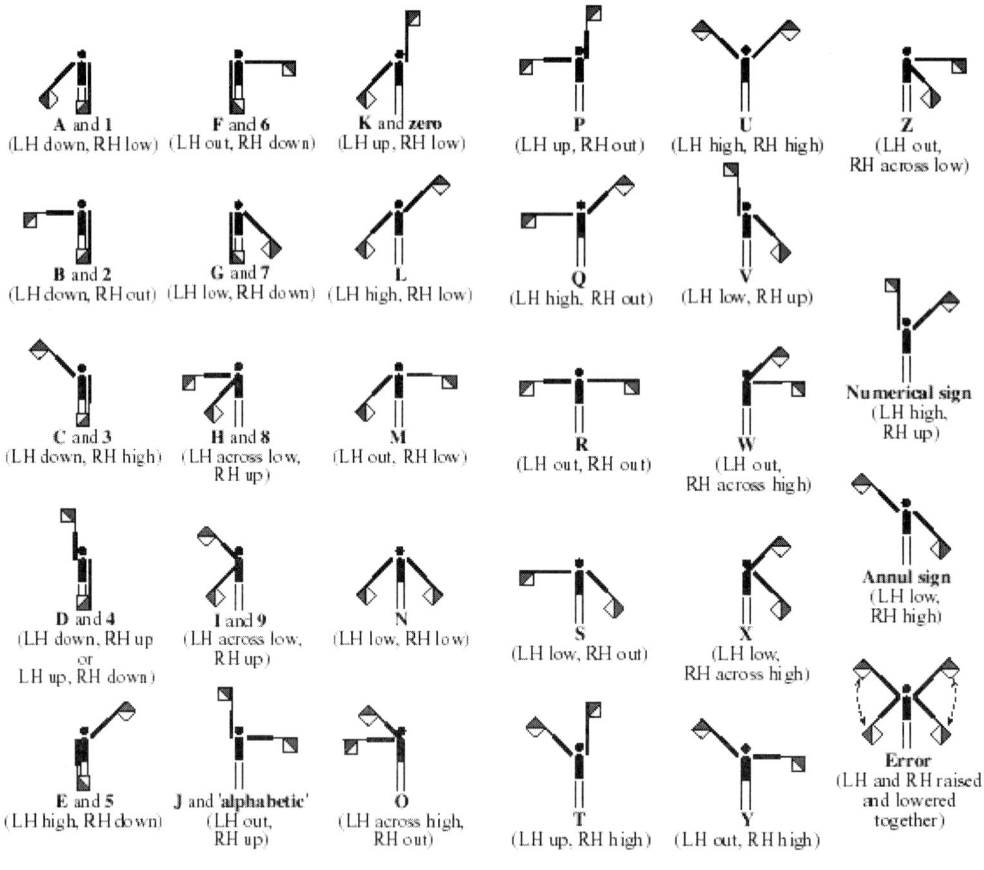

[그림 5-4] 알파벳에 관한 수기신호

수기 또는 팔로 신호를 할 경우에는 [그림 5-5]와 같이 한다.

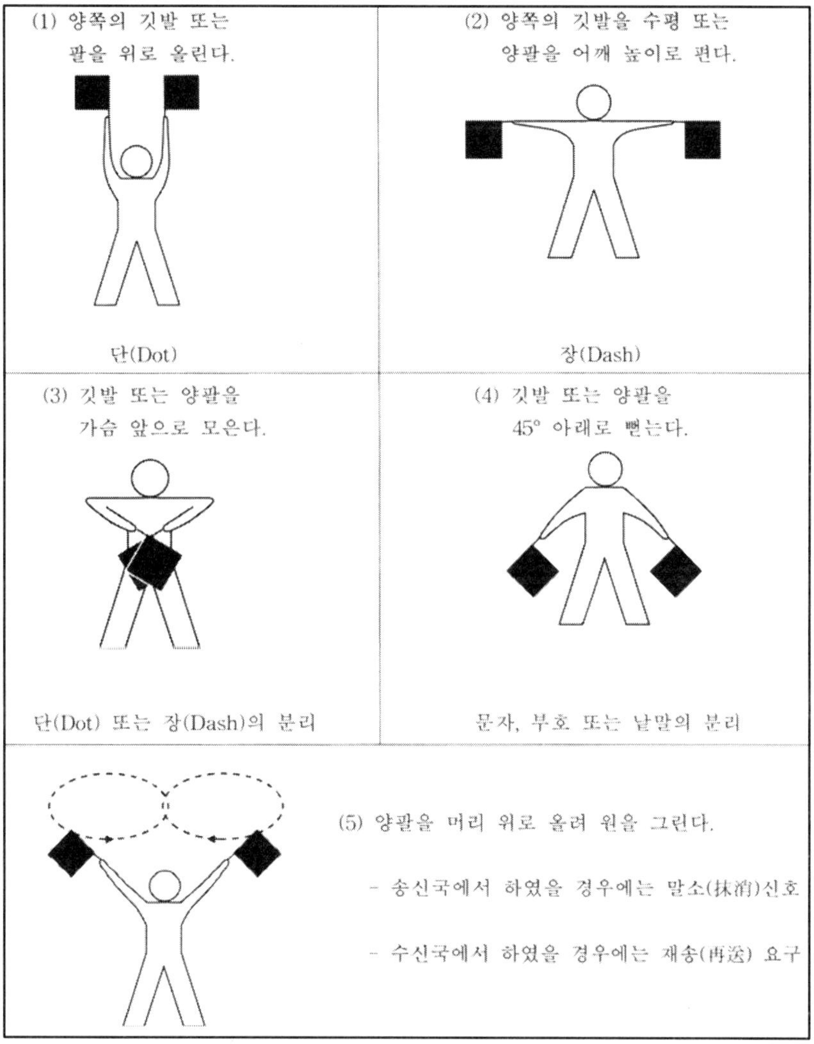

[그림 5-5] 수기신호방법

(1) 호 출

어떤 신호방식이라도 좋으니까 신호 K1을 송신한다. 호출신호 $\overline{AA}$ $\overline{AA}$ $\overline{AA}$로 대신할 수 있다.

(2) 응 답

수신국은 호출을 받았을 때는 응답신호 T를 사용한다. 만약 수기 또는 팔로 “모르스" 신호 통신이 안 될 때에는 신호 YS1를 가능한 방법으로 송신한다.

(3) 호출신호와 응답신호

호출신호 $\overline{\text{AA}}$ $\overline{\text{AA}}$ $\overline{\text{AA}}$와 응답신호 T는 송신국과 수신국에서 각각 사용한다.

(4) 송신요령

양팔을 사용하여 송신하는 것이 원칙이지만 곤란할 때는 한 팔로 송신할 수도 있다.

(5) 종신요령

신호는 모두 종신신호 $\overline{\text{AR}}$을 표시하여 끝난다.

5.4 조난신호

조난신호에 대하여서는 국제해상충돌예방규칙 제37조 또는 동 규칙부속서 IV에 규정되어 있다. 그 내용은 다음과 같다.

① 선박/항공기가 조난을 당하여 육상 또는 타 선박으로부터 구조를 원할 경우, 다음의 각 호에 게재하는 신호를 사용하여야 한다.
   ㉠ 약 1분간의 간격으로 행하는 1회의 발포 기타의 폭발에 의한 신호
   ㉡ 무중신호장치에 의한 연속 음향신호
   ㉢ 단시간의 간격으로 1회에 1개씩 발사되어 별 모양의 붉은 불꽃을 발하는 로케트 또는 유탄에 의한 신호
   ㉣ 무선전신 기타의 신호방법에 의한 모르스 부호 "• • • — — — • • •"(SOS)의 신호
   ㉤ 무선전화에 의한 메이데이라는 말의 신호
   ㉥ 국제기류신호에 의한 NC기의 조난신호
   ㉦ 상방 또는 하방에 구 또는 이와 유사한 것을 붙이 4각형 기로 된 신호

ⓞ 선박에서의 발연(타르통, 기름통 등의 연소로 생기는) 신호

ⓩ 낙하산이 달린 적색의 염화 로케트 또는 적색의 수동 염화에 의한 신호

ⓒ 오렌지색의 연기를 발하는 신호

ⓚ 좌우로 벌린 팔을 상하로 천천히 흔드는 신호

ⓣ 무선전신에 의한 경보신호

ⓟ 무선전화에 의한 경보신호

ⓗ 비상위치 지시를 하는 라이도비콘에서 발하는 신호

② 선박 / 항공기의 조난을 표시하는 목적 이외의 다른 목적으로 전항의 규정에 의한 신호를 행하는 것, 또는 이것과 혼돈의 우려가 있는 신호를 행하여서는 안 된다.

③ 아래 신호들과 상선수색 구조편람의 해당 부분에 기술된 내용에 대해서도 주의를 기울여야 한다.

㉠ 흑색 방형과 원형 또는 다른 적당한 문자를 오렌지색으로 공중에서 식별하기 위하여 사용하는 것

㉡ 식별용 염료를 사용하는 것

〈표 5-8〉 Table Of Lifesaving Signals-1

Ⅰ. LANDING SIGNALS FOR THE GUIDANCE OF SMALL BOATS WITH CREWS OR PERSONS IN DISTRESS

	MANUAL SIGNALS	LIGHT SIGNALS	OTHER SIGNALS	SIGNIFICATION
Day Signals	 Vertical motion of a white flag or of the arms	 or firing of a **green** star signal	▬ • ▬ or code letter K given by light or sound-signal apparatus	This is the best place to land
Night Signals	 **Vertical** motion of a white light or flare	 or firing of a **green** star signal	▬ • ▬ or code letter K given by light or sound-signal apparatus	

A range (indication of direction) may be given by placing a steady white light or flare at a lower level and in line with the observer

Day Signals	 **Horizontal** motion of a white flag or of the arms extended horizontally	 or firing of a **red** star signal	● ● ● or code letter **S** given by light or sound-signal apparatus	Landing here highly dangerous
Night Signals	 **Horizontal** motion of a light or flare	 or firing of a **red** star signal	● ● ● or code letter **S** given by light or sound-signal apparatus	
Day Signals	 1 **Horizontal** motion of a white flag, followed by 2 the placing of the white flag in the ground and 3 by the carrying of another white flag in the direction to be indicated	 1 or firing of a **red** star signal vertically and 2 a **white** star signal in the direction towards the better landing place	1 or signalling the code letter **S** (...) followed by the code letter **R** (. _ .) if a better landing place for the craft in distress is located more to the *right* in the direction of approach 2 or signaling the code letter **S** (...) followed by the code letter **L** (. _ ..) if a better landing place for the craft in distress is located more to the *left* in the direction of approach	Landing here highly dangerous. A more favorable location for landing is in the direction indicated
Night Signals	 1 **Horizontal** motion of a white light or flare 2 followed by the placing of the white light or flare on the ground and 3 the carrying of another white light or flare in the direction to be indicated	 1 or firing of a **red** star signal vertically and 2 a **white** star signal in the direction towards the better landing place	1 or signalling the code letter **S** (...) followed by the code letter **R** (. _ .) if a better landing place for the craft in distress is located more to the *right* in the direction of approach 2 or signaling the code letter **S** (...) followed by the code letter **L** (. _ ..) if a better landing place for the craft in distress is located more to the *left* in the direction of approach	

〈표 5-9〉 Table Of Lifesaving Signals-2

II. SIGNALS TO BE EMPLOYED IN CONNECTION WITH THE USE OF SHORE LIFESAVING APPARATUS

	MANUAL SIGNALS	LIGHT SIGNALS	OTHER SIGNALS	SIGNIFICATION
Day Signals	 Vertical motion of a white flag or of the arms	 or firing of a **green** star signal		In general : affirmative Specifically : rocket line is held-tail block is made fast - hawser is made fast - man is in the breeches buoy - haul away

Night Signals	 **Vertical** motion of a white light or flare	 or firing of a **green** star signal		
Day Signals	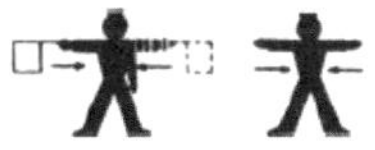 **Horizontal** motion of a white flag or of the arms extended horizontally	 or firing of a **red** star signal		In general : negative Specifically : slack away - avast hauling
Night Signals	 **Horizontal** motion of a light or flare	 or firing of a **red** star signal		

III. REPLIES FROM LIFESAVING STATIONS OR MARITIME RESCUE UNITS TO DISTRESS SIGNALS MADE BY A SHIP OR PERSON

	MANUAL SIGNALS	LIGHT SIGNALS	OTHER SIGNALS	SIGNIFICATION
Day Signals		 **Orange** smoke signal	 or combined *light* and *sound* signal (thunder-light) consisting of 3 single signals which are fired at intervals of approximately one minute	You are seen - assistance will be given as soon as possible (Repetition of such signal shall have the same meaning)
Night Signals		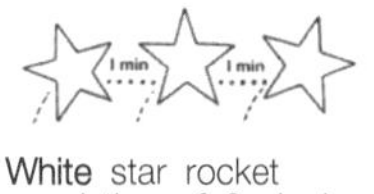 **White** star rocket consisting of 3 single signals which are fired at intervals of approximately one minute		

5.5 선박에서 사용되는 안전표시

선박에서 사용되는 안전표시(Safety Signs)는 〈표 5-10〉과 같다.

〈표 5-10〉 Safety Signs

SYMBOLS				
CATEGORIES	SHAPES			
IMO Symbols With Text				
IMO Symbols Without Text				
Fire Control Symbols to resolution A654(16)	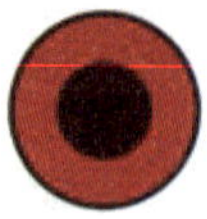		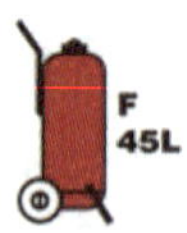	
Fire Control Symbols to ISO17631			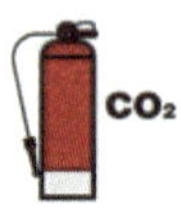	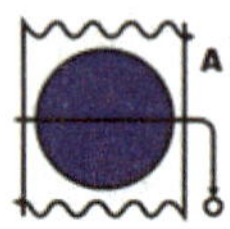
Safety Signs				
Fire Signs				
Direction Signs				

SYMBOLS				
CATEGORIES	SHAPES			
ISPS Code Signs				
Prohibition Signs				
Mandatory Signs				
Hazard Diamonds				
Combination Signs	 		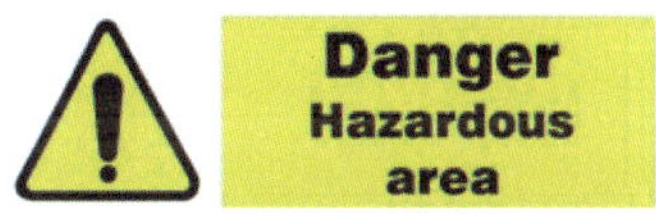 	

□ 참고문헌 □

1. 클락슨 홈페이지 http://www.clarksons.net
2. 국토교통부 홈페이지, 국토교통부 교통정책실
3. 角本良平(1985), 新交通論-實學의 體系-, 白桃書房
4. 生田保夫(1998), 交通學의 視點, 流通經濟大學 出版會
5. J.Rae(1971), The Road and the Car in American Life, MIT Press
6. 朴榮守(2002), 海上交通管理에 關한 基礎的 硏究, 神戶大學 博士學位 論文
7. 박진수, 박영수, 이형기(2013), 최신 해상교통공학, 다솜출판사
8. 한국선원복지고용센터 홈페이지, http://www.koswec.or.kr
9. 김득봉(2014), 항만과 수로의 제한속력 설정 모델 개발에 관한 연구, 한국해양대학교 박사학위논문
10. 다음넷 사전 홈페이지, dic.daum.net
11. 井上欣三(2008), 海の安全管理學 -操船リスクアナリシス·豫防安全の科學的技法-, 成山堂書店
12. Chengi Kuo(2007), Safety Management and its Maritime Application, The Nautical Institute
13. Kinzo INOUE, YS PARK, Hideo USUI, Wataru SERA, Kenji MASUDA(2002), Safety Management of Vessel Traffic in Ports and Waterways, PIANC 2002 30th International Navigation Congress
14. PARK Jin-Soo(1994), Marine Traffic Engineering in Korean Coastal Waters, University of Plymouth
15. 공길영(2012), 선박항해용어사전, 다솜출판사
16. 이상일(2009), 해상교통관제제도의 법적지위와 국가책임에 관한 연구, 부경대학교 석사학위논문
17. 임을빈(1996), 선박교통관제제도란 무엇인가, 한국해사문제연구소, 해양한국
18. VTS 홈페이지 www.vtskorea.info
19. 해양경비안전본부 홈페이지 www.kcg.go.kr
20. Kinzo Inoue(2013), Theory and Practice of Ship Handling, 상학당

□ 찾아보기 □

저자약력

■ 박 영 수

- 한국해양대학교 해사수송과학부(공학사)/동대학원 해사수송과학과(공학석사)
- 일본 Kobe대학 대학원 해사과학부(공학박사)
- (현재) 한국해양대학교 해사대학 해사수송과학부 교수
- 한국해양대학교 실습선 항해사
- 일본 Japan Marine Science(NYK 그룹사) 연구원
- 주요 연구분야 : 해상교통안전평가, 해상교통관리, 해상교통류 시뮬레이션, VTS, 항로설계

■ 박 진 수

- 한국해양대학교 항해학과(공학사)/동아대학교 대학원 산업공학과(공학석사)
- 영국 Plymouth 대학교 해운학부(공학박사)
- (현재) 한국해양대학교 해사대학 해사글로벌학부 교수
- 삼미해운 및 범양상선(운항부) 근무
- 한국해양대학교 실습선 선장 역임(1급항해사)
- 한국해양대학교 기획연구처장, 해사대학장 역임
- 해양수산부 국제기구전문가(IMO, IALA)
- 주요 연구분야 : 해상교통안전, VTS 연안교통관리 등

■ 정 재 용

- 한국해양대학교 항해학과(공학사)/동대학원 해사수송과학과(공학석사)
- 한국해양대학교 해사수송과학과(공학박사)
- (현재) 목포해양대학교 해사대학 국제해사수송과학부 교수
- SK해운 항해사
- 한국해양대학교 해사대학 승선생활관 및 실습선조교
- 한국해양대학교/제주대학교 연구교수
- 주요 연구분야 : 해상교통, VTS 비용편익 분석

■ 정 기 남

- 한국해양대학교 항해학과(이학사)/미국 델라웨어대학 해양정책학(석사)
- (현재)부산신항 해상교통관제팀장
- 영신상운, 조양상선 항해사
- 부산해양항만청 및 마산해양항만청 PSC 검사관
- 주요 연구분야 : 관제시뮬레이션, VTS 심리학, BRM 상황인식

해상교통안전론

2026년 3월 20일 1판 3쇄 발행

저 자 박영수 · 박진수 · 정재용 · 정기남

발행인 남 승 우

발행처 도서출판 상尙 학學 당堂
서울시 동작구 사당로9가길 6(사당동)
TEL : 02) 595-1692~4
FAX : 02) 595-1394
E-mail : shdbooks@naver.com
신고 : 2-155호 (1968. 11. 29)

정가 22,000원

ISBN 978-89-6587-133-0 93500

〈디자인〉 편집 엄해숙 / 표지 토틀컴